海洋资源开发系列丛书

国家重大工程攻关专项、中华人民共和国工业和信息化部项目

国家973计划项目、国家科技重大专项成果

大型海洋装备风险分析

李 达 曾庆泽 贾鲁生 侯 静 刘 毅 余建星 著

图书在版编目（CIP）数据

大型海洋装备风险分析 / 李达等著. -- 天津 : 天津大学出版社, 2024. 8. -- (海洋资源开发系列丛书).
ISBN 978-7-5618-7747-0

Ⅰ. P75

中国国家版本馆CIP数据核字第202483GS21号

出版发行	天津大学出版社
地　　址	天津市卫津路92号天津大学内（邮编：300072）
电　　话	发行部：022-27403647
网　　址	www.tjupress.com.cn
印　　刷	北京盛通数码印刷有限公司
经　　销	全国各地新华书店
开　　本	787mm×1092mm　1/16
印　　张	7
字　　数	166千
版　　次	2024年8月第1版
印　　次	2024年8月第1次
定　　价	49.00元

本书编委会

前　言

随着我国海洋油气资源开发能力的不断提高，尤其是深海开发技术的快速升级和大型海洋装备的创新研制，我国海洋油气开发已成为我国能源产业的战略重点。2016 年，国家发展改革委和国家能源局共同组织编制了《能源技术革命创新行动计划（2016—2030 年）》，将非常规油气和深层、深海油气开发技术创新列为战略方向，提出要发展海洋油气开发安全环保技术。2020 年 12 月，国务院发布《新时代的中国能源发展》白皮书，再次提出要加强我国渤海、东海和南海等海域近海油气勘探开发，推进深海对外合作，推动我国海洋油气资源开发技术能力和产业升级迈上新台阶。2021 年 12 月，国务院发布《“十四五”海洋经济发展规划》，提出加快构建现代海洋产业体系，着力提升海洋科技自主创新能力，协调推进海洋资源保护与开发，加快建设中国特色海洋强国。

大型海洋装备结构及作业具有技术复杂、投资巨大、环境恶劣、随机性强等特点，为了保障大型海洋装备结构及作业安全，减少风险对经济、社会、环境的不良影响，有必要对大型海洋装备结构及作业开展风险识别与风险分析，针对每个具体工程装备的实际情况，从人员、环境、组织、技术等多个方面进行系统性风险识别与分析。

风险分析技术在航空、航天、化工、海洋工程等领域都得到了广泛的应用并取得了丰富的成果。作者在参考国内外文献资料的基础上，将编写组所完成的“十三五”国家科技重大专项和工信部项目等相关研究成果反映在本书中，本书针对大型海洋装备风险分析技术、FPSO 单点多管缆干涉风险分析、FPSO 火灾爆炸风险分析、海底管线系统失效模式风险排序和海底管线系统泄漏失效风险分析等方面开展的研究工作进行介绍，以期为大型海洋装备风险分析与安全管理工作提供有效的参考和指导。

本书由李达作整体规划及技术把关，曾庆泽、贾鲁生、侯静、刘毅、余建星等统筹定稿；另外，吴世博、丁鸿雨、高涵韬、杨九、徐雅等也参与了本书的编写与校对工作。

在本书编写过程中，参阅了国内外专家、学者关于船舶与海洋工程风险相关的大量著作和论述；在出版过程中，得到了天津大学出版社的大力支持，在此表示感谢！本书虽经作者所在课题组多年实践，但限于作者水平和时间因素，书中难免存在疏漏之处，敬请各位专家、读者惠予指正。

目　　录

第 1 章　风险分析理论

1.1　风险分析概述

风险一般指的是从事某项活动中因为其不确定性从而产生人员伤亡、经济损失或者环境破坏的可能性。通常系统中某一个事件的风险 R 通过该事件的发生概率 P 以及该事件产生的后果大小 C 来表示，即

$$R = f(P, C)$$

风险分析是对风险进行识别、评估，从而做出全面综合的分析的过程，可以分为三个部分：风险评估、风险管理以及风险交流。风险评估确认并评价风险区域；风险管理控制或者应付风险的行为；风险交流是各团体间根据风险研究的结果相互交流或者形成文件的过程。风险评估在其中起主导作用。

风险分析是一种基于分析理论、数据资料、主观经验和客观调研进行分析的科学评估方法，通过对识别出的风险因素进行定性或定量分析，为下一步的风险管理提供科学合理的依据。图 1-1 是系统工程风险分析的技术路线。

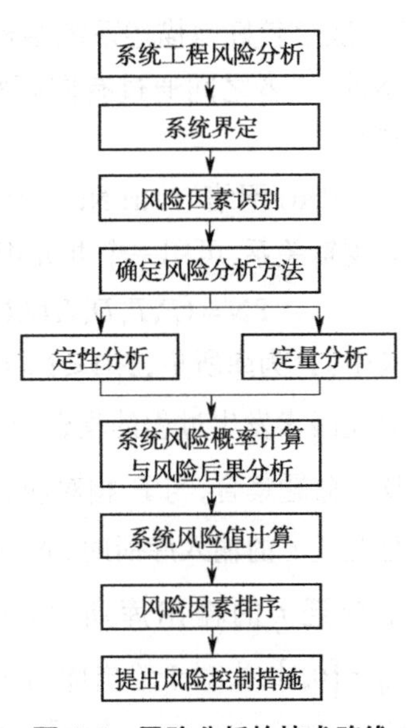

图 1-1　风险分析的技术路线

风险分析方法是根据所评估的系统确定的。给一个系统建模，必须了解该系统的功能，系统的组成以及操作、监测、维修的程序。此外，还应确定该系统与其他有关联的系统及物理环境之间的关系，也就是要确定物力和功能的边界条件。在此基础上明确我们所要分析的系统及其面临的问题。

影响风险分析范围及特点的因素有：①风险分析的目的——选择设计方案、检验对象是否满足安全性准则的要求；②对象的新颖程度和复杂程度；③对象所处的工程阶段；④风险类型；⑤分析中应遵循的准则——如各类损失和条件来选择适当的方法进行分析。

对于大型的复杂系统，为使风险易于分析，可以将大系统分成若干子模型进行分析，每一子模型可以单独进行分析，并最终综合每一子模型分析结果以形成对全部风险的整体描述。

风险接受准则表示在特定时间内可以接受的总体风险等级，它给风险分析和风险管理措施的制定提供了依据，因此需要在风险分析之前就确定出风险接受准则。工业上通常采用最低合理可行（As Low As Reasonably Practicable，ALARP）原则作为风险接受准则。

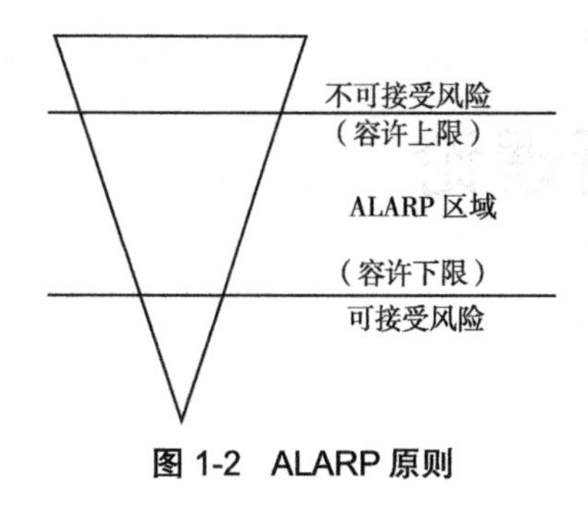

图 1-2 ALARP 原则

ALARP 原则（图 1-2）可以理解为工业中任何系统必然存在风险，不能通过提前采取措施来从根本上避免风险。但是，在减小风险过程中，风险水平越低，降低成本就越显著，而且风险水平的降低与成本的降低呈指数上升关系。所以，就需要综合考虑风险水平和成本，使风险满足尽可能低的要求，同时介于可接受风险和不可接受风险之间的区域。

1.2 风险分析方法

1.2.1 Petri 网络法

1.2.1.1 Petri 网络基本概念

Petri 网络法由德国卡尔· A. 佩特里博士于 1962 年提出，该方法以严谨的数学理论为基础，能够较好地描述系统结构。其主要包括库所与变迁两类节点，库所表示事件，变迁表示条件，二者之间通过有向弧相连接，从而构成一个有向网状图，能够直观地模拟风险事件系统。

Petri 网络（Petri Net，PN）具有并行计算能力和矩阵运算能力，可描述异步、同步、并行等逻辑关系，可用一个九元组来表示：

$$\mathrm{PN}=(P,T,D,I,O,U,\alpha,R,M)$$

其中：P 为库所集，$P_i(1\leqslant i\leqslant n)$ 为第 i 个风险因素，$P=\{P_1,P_2,\cdots,P_i,\cdots,P_n\}$；$T$ 为变迁集，表示风险因素发生过程的集合，$t_j(1\leqslant j\leqslant m)$ 为第 j 个风险因素发生过程，$T=\{t_1,t_2,\cdots,t_j,\cdots,t_m\}$；$D$ 为命题集合，与 P_i 相对应，$D=\{d_1,d_2,\cdots,d_n\}$；$\boldsymbol{I}$ 为输入矩阵，$\boldsymbol{I}=(\delta_{ij})$, $\delta_{ij}\in[0,1]$，当库所 P_i 是变迁 t_j 的输入库所时，$\delta_{ij}=1$，否则 $\delta_{ij}=0$；$\boldsymbol{O}$ 为输出矩阵，$\boldsymbol{O}=(\gamma_{ij})$，$\gamma_{ij}\in[0,1]$，当库所 P_i 是变迁 t_j 的输出库所时，$\gamma_{ij}=1$，否则 $\gamma_{ij}=0$；$\boldsymbol{U}(t_j)$ 为变迁置信度矩阵，$\boldsymbol{U}(t_j)=(\mu_{ij})$，$\mu_{ij}\in[0,1]$，指对于输出库所 P_i，变迁 t_j 的置信度，表示风险发展可能；$\boldsymbol{\alpha}(p_i)$ 为库所可信度矩阵，$\boldsymbol{\alpha}(P_i)=(w_i)$，$w_i\in[0,1]$，是库所 P_i 存在风险的可信度，表示风险发生的可能性；R 为库所到对应命题的映射，$R:P\rightarrow D$；$\boldsymbol{M}$ 为 $n\times q$ 阶的状态矩阵，表征风险因素的后果大小，$\boldsymbol{M}(0)$ 为初始状态矩阵，元素 $m_{ij}^0\in[0,1]$ 为库所 P_i 在风险等级 j 中的隶属度，$n\times q$ 为 n 个库所在 q 个风险等级中的状态，$\boldsymbol{M}(k)$ 为迭代 k 次的状态矩阵。

该九元组要满足以下条件：

（1）$P\cup T\neq\varnothing$；

（2）$P\cap T=\varnothing$；

（3）$n>0,m>0$。

1.2.1.2　Petri 网络产生式规则

产生式规则可用来表示风险事件间的因果关系，其主要有“与”规则（图 1-3）和“或”规则（图 1-4）两种表达形式。

1.“与”规则

“与”规则的逻辑表达式为

IF $d_1(w_1)$ AND $d_2(w_2)$ AND $d_3(w_3)$ AND…AND $d_n(w_n)$，

THEN $d_c(w_c)$ $(CF=\mu)$

其中，CF 为规则的置信度。

变迁后的结论可信度表达式为

$$w_c=\min(w_1\mu, w_2\mu, \cdots, w_n\mu) \tag{1-1}$$

2.“或”规则

“或”规则的逻辑表达式为

IF $d_1(w_1)$ OR $d_2(w_2)$ OR $d_3(w_3)$ OR…OR $d_n(w_n)$，

THEN $d_c(w_c)$ $(CF=\mu_1, \mu_2, \cdots, \mu_n)$

变迁后的结论可信度表达式为

$$w_c=\max(w_1\mu_1, w_2\mu_2, \cdots, w_n\mu_n) \tag{1-2}$$

其中，“AND”和“OR”为逻辑连接符号；d_1，d_2，…，d_n 为规则的前提条件；d_c 为结论；w_1，w_2，…，w_n 为各命题的可信度；w_c 为结论命题的可信度；$\mu\in[0,1]$ 为规则的置信度。

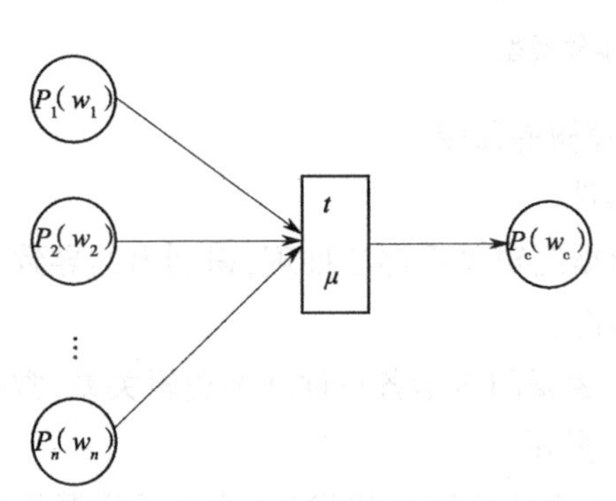

图 1-3　产生式规则第一种表达形式

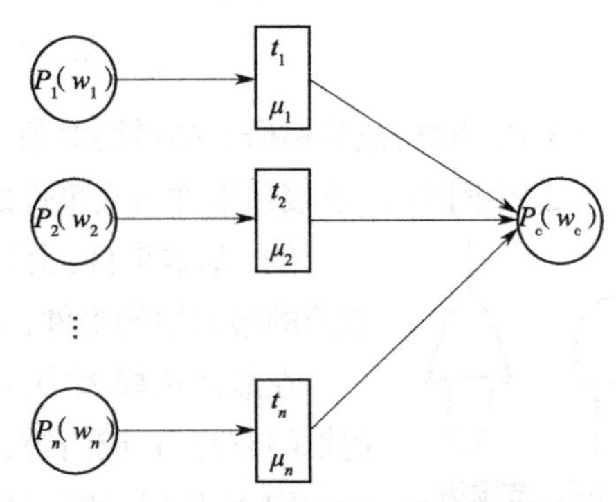

图 1-4　产生式规则第二种表达形式

1.2.2　失效模式与影响分析

失效模式与影响分析（Failure Mode and Effect Analysis，FMEA）由航天航空工业作为正式设计方法而开发。FMEA 确定研究对象后，辨识并评估其潜在失效模式，针对发生度较高且后果严重的采取措施，从而提高系统安全性与可靠性。

20 世纪 60 年代中期，美国航天局首次提出 FMEA 的概念。20 世纪 70 年代，美国军方制定了使用 FMEA 的规范和细则，FMEA 的应用逐步得到推广。随后，美国汽车行业开始使用 FMEA 进行设计评审，并编写出版了多个版本的 FMEA 手册，手册已经成为 QS-9000

质量体系要求文件的参考手册之一。目前，FMEA 被广泛应用于包括船舶工程在内的多个部分。我国 20 世纪 80 年代也开始引进并使用 FMEA 进行风险分析，经过多年的发展完善，FMEA 逐步被风险分析的专家们认可并成为各个领域有效的可靠性分析方法。

作为一种前瞻性风险管理工具，FMEA 通过层次分解得到研究对象的组成部分，分析底层构件风险源，并针对后果严重程度、发生可能性、产生原因被探测的难易程度进行量化评估。FMEA 评估将得到严重度（S）、发生度（O）、难检度（D）三类参数，由下式计算风险优先度（Risk Priority Number，RPN），以此为标准，确定对各风险源采取措施的优先级：

$$\mathrm{RPN} = S \times O \times D \tag{1-3}$$

1.2.3 故障树分析

故障树分析方法被广泛应用于海洋工程、航空工业等领域的风险分析与故障诊断中，在故障树分析中，根据逻辑关系，自顶事件由上而下逐级确定中间事件和底事件，最终构造目标系统的故障树模型。

故障树的事件类型有顶事件、中间事件、底基本事件等，如图 1-5 所示。

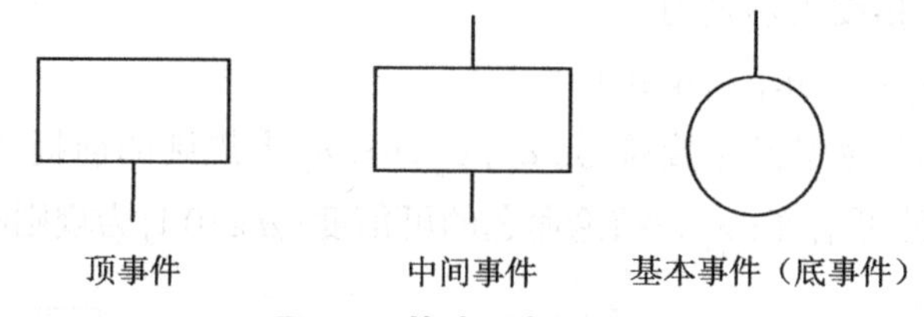

图 1-5 故障树事件类型

（1）顶事件：故障树研究的最终对象，位于故障树的顶端。

（2）中间事件：连接顶事件与底事件之间的事件。

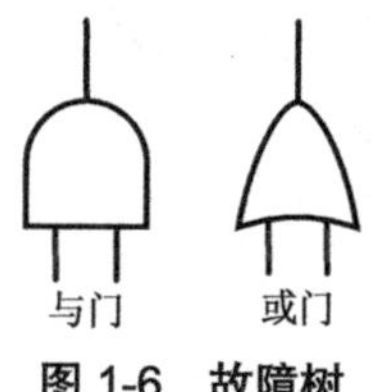

图 1-6 故障树逻辑门种类

（3）基本事件：由顶事件依据逻辑关系逐层推理，识别出的导致系统故障的最底层的事件，又称底事件。

在故障树模型中，以不同的逻辑门表示各事件间的逻辑关系，常见的逻辑门有与门、或门等，如图 1-6 所示。

（1）“与门”表示逻辑门的所有输入事件均发生，才会导致逻辑门的输出事件发生。

（2）“或门”表示逻辑门的所有输入事件中任意一个或多个事件发生，均会导致逻辑门的输出事件发生。

根据故障树结构模型可直接进行定性分析，计算顶事件发生的最小割集和最小径集。在获知每个基本事件概率值的条件下，可进一步执行定量概率分析，通过式（1-4）和式（1-5）计算顶事件的发生概率。同时，可确定基本事件或最小割集对顶事件发生的重要度。

对于逻辑与门：

$$P(E_{\mathrm{upper}}) = \prod_{i=1}^{n} P(E_i) \tag{1-4}$$

对于逻辑或门：

$$P(E_{\text{upper}}) = 1 - \prod_{i=1}^{n}[1 - P(E_i)] \tag{1-5}$$

其中，$P(E_{\text{upper}})$为顶事件的概率值；$P(E_i)$为第 i 个基本事件的概率值。

1.2.4　贝叶斯网络分析

1.2.4.1　概率论基本理论

随机现象是在一定条件下，大量试验后结果呈现规律性现象。概率论是对随机现象研究的理论。

联合概率分布是指两个或两个以上的随机变量概率分布。若(X,Y)为二维离散型随机变量，则 X、Y 的联合概率分布

$$P\{X = x_i, Y = y_i\} = P_{ij} \tag{1-6}$$

其中，$P_{ij} \geqslant 0, \sum\limits_{i}\sum\limits_{j} P_{ij} = 1$。

边缘概率分布是指多维随机变量中部分变量的概率分布。联合概率密度函数为$P(x,y)$，则 x 的边缘概率分布为

$$P(x) = \sum_{y} P(x,y) = \sum_{y} P(x \mid y)P(y) \tag{1-7}$$

对于链规则，事件 x、y 的联合概率分布为$P(x,y)$，可得

$$P(x,y) = P(y \mid x)P(x) = P(x \mid y)P(y) \tag{1-8}$$

推广到 n 维联合概率分布

$$P(x_1, x_2, \cdots, x_n) = P(x_1)P(x_2 \mid x_1) \cdots P(x_n \mid x_1, x_2, \cdots, x_{n-1}) \tag{1-9}$$

全概率公式为

$$\begin{aligned} P(y) &= P(y \mid x_1)P(x_1) + P(y \mid x_2)P(x_2) + \cdots + P(y \mid x_n)P(x_n) \\ &= \sum_{i=1}^{n} P(y \mid x_i)P(x_i) \end{aligned} \tag{1-10}$$

贝叶斯定理用于计算贝叶斯网络中的条件概率

$$P(y \mid x) = \frac{P(y \cap x)}{P(x)} = \frac{P(x \mid y)P(y)}{P(x)} \tag{1-11}$$

其中，$P(y \cap x)$为 x 和 y 同时发生的概率；$P(x)$、$P(y)$分别为事件 x、y 的概率；$P(x \mid y)$为 y 发生时 x 的概率；$P(y \mid x)$表示 x 发生时 y 的概率。在贝叶斯网络中，y 是要估计的概率分布，x 是证据（已知信息），$P(y)$是先验概率，$P(y \mid x)$是后验概率。

先验概率是指根据资料统计、经验分析、主观判断等确定的各事件概率，在贝叶斯公式中一般作为原因出现，但是这种概率未经过实际验证，是检验之前的概率。先验概率包括客观先验概率和主观先验概率。前者是指根据历史数据、相关资料和统计信息等计算总结得出的概率；后者是指在现有数据不足或缺失、参考资料较少从而无法得出完整的概率信息的情况下，只能够通过专业人员的相关经验、主观判断和反复讨论等获得具有参考价值的

概率。

后验概率是指通过相关检测试验导入证据，根据贝叶斯定理和可能性函数对之前的先验概率进行修正而得到更加合理的概率。

1.2.4.2 贝叶斯网络基本概念

贝叶斯网络（Bayesian Network，BN）是基于贝叶斯概率公式发展起来的通过可视化的网络图表现随机事件间相互关系的方法。贝叶斯网络可用一个二元组 $\langle G, P\rangle$ 表示，其中 $G=\langle V, R\rangle$，表示有向无环图（Directed Acyclic Graph，DAG）。G 中节点数为 n，$V=\{X_1, X_2, \cdots, X_n\}$ 表示节点（随机事件）的集合。R 是反映随机事件间逻辑关系（一般为因果关系）的有向边集合。在有向边 $\langle X_j, X_i\rangle$ 中，X_i 为子节点，X_j 称为 X_i 的父节点，$\pi(X_i)$表示节点 X_i 的父节点集合。没有父节点的节点称为根节点，没有子节点的称为叶节点，节点间的定量因果关系通过条件概率表（Conditional Probability Table，CPT）来表示。

已知根节点的先验概率分布和其他节点的条件概率分布，基于链式法则，节点间的联合概率分布

$$P(V)=P(X_1,X_2,\cdots,X_n)=\prod_{i=1}^{n}P(X_i|\pi(X_i)) \tag{1-12}$$

节点 X_i 的概率

$$P(X_i)=\sum_{X_j,j\neq i}P(V) \tag{1-13}$$

在给定的新证据 E 条件下，事件 X_i 的后验概率

$$P(X_i|E)=\frac{P(X_i,E)}{P(E)}=\frac{P(E|X_i)P(X_i)}{\sum\limits_{X_i\in V}P(E|X_i)P(X_i)} \tag{1-14}$$

敏感性分析是系统失效关键节点辨识的重要手段，常用的敏感性分析方法包括变异率法（Ratio of Variation，RoV）、Birnbaum 重要度分析法（Birnbaum Importance Measure，BIM）。其中，变异率法是贝叶斯网络分析中的更优方法。通过节点的先验概率和后验概率计算根节点概率的变异率

$$\mathrm{RoV}(X_i)=\frac{\varphi(X_i)-\phi(X_i)}{\phi(X_i)} \tag{1-15}$$

其中，$\varphi(X_i)$为后验概率；$\phi(X_i)$为先验概率。

贝叶斯网络分析常按图 1-7 所示步骤进行。

1.2.4.3 贝叶斯网络推理

贝叶斯网络推理是指根据已有的网络模型和参数，引入证据后推导相关节点取值和变化情况的过程。根据解决问题的不同分为后验概率问题、最大后验假设问题和最大可能解释问题。

后验概率问题是指根据贝叶斯网络中变量的取值来计算其他变量的后验概率分布，一般用于计算系统整体的概率分布。最大后验假设问题是指根据已有的证据分析变量后验概率状态组合最大的情况，一般用于分析系统中构成部件的重要度。最大可能解释问题是指

在已有证据相一致的情况下对概率最大的状态组合进行解释。

根据方向的不同分为正向推理(预测分析、因果分析)、反向推理(诊断分析)、解释推理。

正向推理是指根据父节点状态分析子节点状态的过程,基于已观察到变量的先验概率来推导尚未观察到的其他变量后验概率分布因而称为预测分析;同时由于父节点和子节点存在因果依赖关系,即从原因到结果的分析过程,又称因果分析。反向推理与正向推理方向相反,是指根据子节点的状态分析父节点状态的过程,从结果推导原因的过程与医学上的诊断相类似,因而又称诊断分析。解释推理是综合正向推理和反向推理的优点用于解释贝叶斯网络中变量概率分布情况的推理过程。

根据方法的不同分为精确推理和近似推理。精确推理是指通过精确计算变量后验概率的方法;近似推理是指在满足精度要求和推理正确性的条件下,降低推理精度从而提高计算效率的方法,如图 1-8 所示。

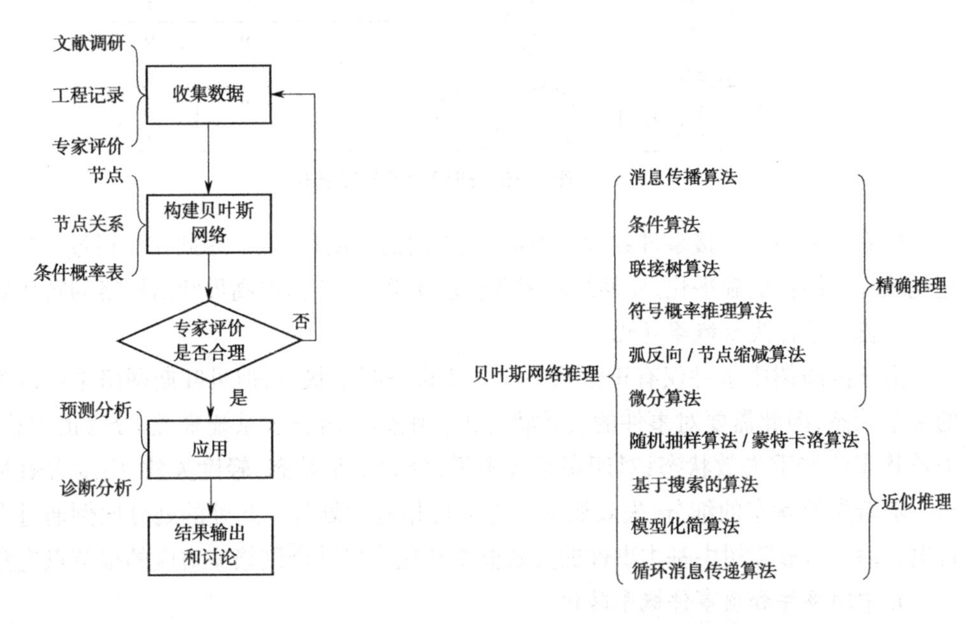

图 1-7　贝叶斯网络分析基本流程　　**图 1-8　贝叶斯网络推理类型**

1.2.4.4　故障树转化方法

故障树通过自上而下的树形结构表示分析对象的复杂逻辑关系,但由于基于事件二态性的假设,难以解决多状态事件的可靠性分析问题,存在一定的局限性。而贝叶斯网络能通过建立多态节点来分析多态系统,但前期建模过程相对复杂。因此,通过逻辑分析建立故障树,而后转化为多态贝叶斯网络的分析方法,不仅能够分析多态系统,而且能够避免贝叶斯复杂的建模过程。

故障树模型转化为贝叶斯模型包括以下五个方面。

1. 事件转化

故障树中的事件(包括基本事件、中间事件、顶事件)转化为贝叶斯网络中的节点;基本事件转化为根节点，顶事件转化为叶节点，中间事件转化为对应根节点的子节点。若存在原有多个底事件表示同一事件的不同状态则只需建立一个根节点。

2. 逻辑门转化

故障树中通过与、或两种逻辑门表示事件关系，而贝叶斯网络通过条件概率表(Condition Probability Table, CPT)表示。对二态事件连接的逻辑门转化如图 1-9 和图 1-10 所示。

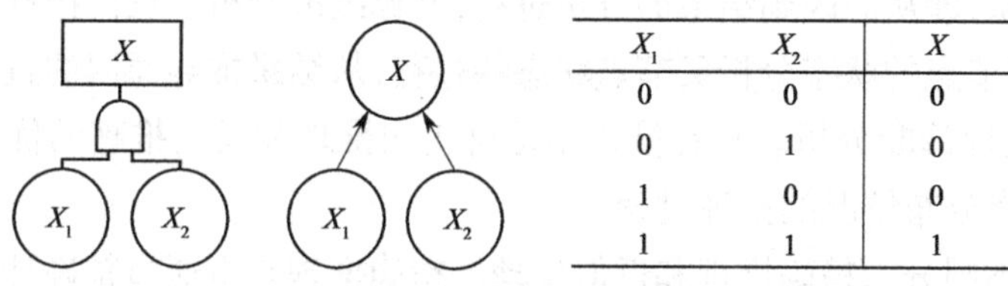

X_1	X_2	X
0	0	0
0	1	0
1	0	0
1	1	1

图 1-9 与门的贝叶斯转化

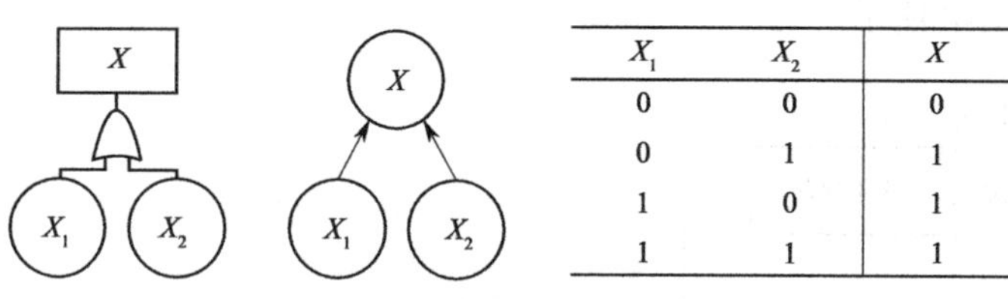

X_1	X_2	X
0	0	0
0	1	1
1	0	1
1	1	1

图 1-10 或门的贝叶斯转化

随着逻辑门下连接事件数量的增加，逻辑门的维度也增加，因此在建树过程中应尽可能避免故障树结构的扁平化，要使故障树逻辑层次明显，从而提高贝叶斯网络的转化效率。

3. 基本事件失效概率转化

由于故障树中事件仅有正常状态和失效状态两个状态，但贝叶斯网络中可以涉及事件的多个状态，因此需要对事件的失效状态进行细分。对三态系统来说，分为正常状态、轻微失效状态和严重失效状态；对四态系统来说，分为正常状态、轻度失效、中度失效和重度失效。随着失效状态的细分，失效概率也应进行相应的划分。此处的划分比例通过专家评价得出。而后将故障树中基本事件的失效概率转化为贝叶斯网络中对应的根节点先验概率。

4. 中间事件和顶事件概率转化

在故障树中，中间事件和顶事件的概率由逻辑门表示的布尔运算得到，但对于多状态情况，布尔运算并不能直接转化为贝叶斯网络中的条件概率表，这需要专家评价的确定。

在故障树转化为贝叶斯网络过程中，需要两次专家评价的介入。第一次需要对基本事件的失效概率进一步划分，确定划分比例；第二次需要对中间事件和顶事件的条件概率表进行评价，确定传递算法。前者由于专家结合自身经验和统计资料，对划分比例可能存在不同的意见而且评价区间较大，采用区间二元语义不能准确反映评价观点，因此本书采用基于模糊理论的群聚合方法求解。由于在对条件概率表进行评价时，传递概率取值范围为 [0,1] 且梯度一般为 0.1，不需要过高的精确值而且评价对象繁多、相关性明显，因此此处采用德尔菲法得到最终一致意见。

5. 分析方式转化

在故障树中，通过计算顶事件概率和基本事件重要度分析系统整体失效和薄弱环节，在建立贝叶斯结构输入节点信息和条件概率表后，完成了对贝叶斯结构的构建，这时可以进行贝叶斯网络的正向推理分析叶节点（对应故障树中的顶事件）的各状态的发生概率，反向推理分析推导根节点（对应故障树中的基本事件）的重要度。重要度可根据系统处于不同状态下根节点对应的可靠度排序确定。同时，也可以进行解释推理，推导叶节点失效状态较大时各节点的概率组合形式。

1.3 赋权方法

1.3.1 层次分析法

层次分析法（Analytic Hierarchy Process，AHP）是一种实用的多准则决策方法，它的出现可以追溯到 20 世纪 70 年代，最早由美国著名运筹学家 T. L. Saaty 提出。AHP 法将定量方法引入管理决策中，很好地解决了定性分析的缺陷，使多准则决策变得更加实用和便捷。

首先，建立包含目标层、准则层、决策层的层次结构，并根据表 1-1 所示标度构造两两比较的判断矩阵 $\boldsymbol{A}=(a_{ij})_{n\times n}$。

表 1-1　判断矩阵标度

标度	含义
1	i 和 j 同等重要
3	i 比 j 略重要
5	i 比 j 明显重要
7	i 与 j 相比，十分重要
9	i 与 j 相比，极其重要
2, 4, 6, 8	上述标度的中间值
倒数	如因素 i 与因素 j 相比重要度为 a_{ij}，则因素 j 与因素 i 相比重要度为 $1/a_{ij}$

其次，通过以下两式对判断矩阵进行一致性检验，若一致性比例（Consistency Ratio）$CR<0.1$，则认为该判断矩阵通过一致性检验，否则需要对判断矩阵进行修正。

$$CI=\frac{\lambda_{\max}-n}{n-1} \tag{1-16}$$

$$CR=\frac{CI}{RI} \tag{1-17}$$

其中，CI 为一致性指标（Consistency Indicator）；$\lambda_{\max}$ 为判断矩阵的最大特征值；n 为指标个数；RI 为平均随机一致性指标（Random Index），取值见表 1-2。

表 1-2 平均随机一致性指标

n	RI	n	RI	n	RI	n	RI
1	0.00	3	0.58	5	1.12	7	1.32
2	0.00	4	0.90	6	1.24	8	1.41

最后，求得判断矩阵最大特征值对应的特征向量并归一化，即为各指标的相对权重。

1.3.2 熵权法

熵权法（Entropy Weight Method，EWM）是产生于信息论基本原理的赋权方法，信息是系统有序程度的一个度量，熵是系统无序程度的一个度量。指标的信息熵越小，则该指标提供的信息量越大，权重就应该越高。

假设给定了 m 个指标，每个指标下的取值为

$$X_j=\left\{X_{1j},X_{2j},\cdots,X_{nj}\right\}\quad j=1=1,2,\cdots,m \tag{1-18}$$

首先对各指标进行标准化处理：

$$Y_{ij}=\frac{X_{ij}-\min(X_j)}{\max(X_j)-\min(X_j)}\quad \text{正向指标} \tag{1-19}$$

$$Y_{ij}=\frac{\max(X_j)-X_{ij}}{\max(X_j)-\min(X_j)}\quad \text{负向指标} \tag{1-20}$$

其中，X_{ij} 为第 i 个样本在第 j 项评价指标上的取值；$\max(X_j)$ 为在第 j 项评价指标中样本的最大值；$\min(X_j)$ 为在第 j 项评价指标中样本的最小值。

之后，计算第 j 项指标下第 i 个样本值的比重

$$p_{ij}=\frac{Y_{ij}}{\sum_{i=1}^{n}Y_{ij}}\quad i=1,2,\cdots,n;j=1=1,2,\cdots,m \tag{1-21}$$

计算第 j 项指标的熵值

$$e_j=-k\sum_{i=1}^{n}p_{ij}\ln p_{ij}\quad j=1,2,\cdots,m \tag{1-22}$$

$$k=\frac{1}{\ln n}\quad 0\leqslant e_j<1 \tag{1-23}$$

计算第 j 项指标的差异系数

$$d_j=1-e_j \tag{1-24}$$

最后，计算指标的权重

$$\omega_j=\frac{d_j}{\sum_{j=1}^{m}d_j} \tag{1-25}$$

1.3.3　偏好比率法

偏好比率法是在确定主观权重中常用到的赋权方法，不同专家的资历与能力有所差别，在实际工程中提出的意见权重也应该有所区别。

首先，定义两个属性之间的相对重要性比率标度，见表 1-3。

表 1-3　比率标度

C_i 比 C_j 的相对偏好	比率标度
C_i 很强	5.0
C_i（中间程度）	4.5
C_i 强	4.0
C_i（中间程度）	3.5
C_i 较强	3.0
C_i（中间程度）	2.5
C_i 稍强	2.0
C_i（中间程度）	1.5
C_i 同等重要	1.0
C_j 之于 C_i 之时	相对应的倒数

在这种比率标度下，如果一个属性对评价结果的边际贡献率比另一个属性大一倍，那么，该属性的重要性程度应该比另一属性稍强，这种判断比较是符合实际的。

其次，为了确保计算过程的简便，假设各属性重要度排序为 $C_1 \geqslant C_2 \geqslant \cdots \geqslant C_n$，其中，"$\geqslant$"表示前者的重要度大于或等于后者。设 $a_{ij}(i, j \in \mathbf{N})$ 表示属性 C_i 与 C_j 的相对重要性比率标度值，建立以下模型：

$$
\begin{cases}
a_{11}\omega_1 + a_{12}\omega_2 + a_{13}\omega_3 + \cdots + a_{1n}\omega_n = n\omega_1 \\
a_{22}\omega_2 + a_{23}\omega_3 + \cdots + a_{2n}\omega_n = (n-1)\omega_2 \\
\vdots \\
a_{n-1,n-1}\omega_{n-1} + a_{n-1,n}\omega_n = 2\omega_{n-1} \\
\omega_1 + \omega_2 + \cdots + \omega_n = 1 \\
0 \leqslant \omega_j \leqslant 1, j \in \mathbf{N}
\end{cases}
\tag{1-26}
$$

最后，通过求解式（1-26）得到各属性的主观权重向量 $\boldsymbol{\omega} = (\omega_1, \omega_2, \cdots, \omega_n)$。

1.3.4　灰关联权重法

灰关联理论的基本思想是根据序列曲线的几何形状的相似程度来判断其联系是否紧密，曲线越接近，代表对应的序列之间的关联越紧密。计算各比较指标与参考指标的灰关联度，得到各指标的群灰关联度，群灰关联度直接体现了指标所包含的信息量。将各指标的群灰关联度归一化后即得到各指标权重。

首先,确定参考序列和比较序列。

设参考序列 $z_0=\{z_0(1),z_0(2),\cdots,z_0(i),\cdots,z_0(n)\}$。与参考数据序列 z_0 进行比较的数据序列有 $m-1$ 个。设比较序列 $z_k=\{z_k(1),z_k(2),\cdots,z_k(i),\cdots,z_k(n)\}$,$i$=1,2,…,$n$;$k$=1,2,…,$m$-1。

确定参考序列时,需要根据计算目标进行选取。考虑指标 j 对指标体系中其余指标 k $(k\neq j)$ 的影响程度,某个指标对其他指标的影响程度越大,表明该指标在系统中包含的信息量越大;反之亦然。

其次,计算灰关联系数。

求两级最大差和最小差:

$$\begin{cases}\Delta_{\max}=\max\limits_{k(k\neq j)}\max\limits_{i}\left|z_k(i)-z_j(i)\right|\\ \Delta_{\min}=\min\limits_{k(k\neq j)}\min\limits_{i}\left|z_k(i)-z_j(i)\right|\end{cases} \tag{1-27}$$

求差序列:

$$\Delta_{jk}(i)=\left|z_k(i)-z_j(i)\right| \tag{1-28}$$

求关联系数:

$$r_k(i)=\frac{\Delta_{\min}+\rho\Delta_{\max}}{\Delta_{jk}(i)+\rho\Delta_{\max}} \tag{1-29}$$

其中,$\Delta_{\max}$ 为指标差序列中的最大值;$\Delta_{\min}$ 为指标差序列中的最小值;$\Delta_{jk}(i)$ 为第 i 个对象关于指标 j 与指标 k 的差值;$r_k(i)$ 为第 i 个对象关于指标 j 与指标 k 的关联系数;ρ 为分辨系数,在最少信息原理下取 0.5。

再次,计算群范数灰关联度。

范数灰关联度能较好地避免对关联因素个性信息的湮没,防止最终整体序关系的误判,是在不改变关联系数的情况下对因素信息的再挖掘,能进一步提高分析结果的正确性。

设 $\eta_k(i)=r_k(i)$,则称下式为关联系数正(负)理想列,正理想列与负理想列分别为距离参考序列最近与最远的比较序列:

$$\begin{cases}\eta^+=\left\{\max\eta_k(i)\middle|k=1,2,\cdots,m,k\neq j,i=1,2,\cdots,n\right\}\\ \eta^-=\left\{\min\eta_k(i)\middle|k=1,2,\cdots,m,k\neq j,i=1,2,\cdots,n\right\}\end{cases} \tag{1-30}$$

范数描述的是比较序列与参考序列的距离。指标 k 关联系数列的两个范数可定义如下:

$$\begin{aligned}d_{jk}^+&=\sqrt{\sum_{i=1}^{n}\left[\eta_k(i)-\eta^+(i)\right]^2}\\ d_{jk}^-&=\sqrt{\sum_{i=1}^{n}\left[\eta_k(i)-\eta^-(i)\right]^2}\end{aligned} \tag{1-31}$$

其中,d_{jk}^+ 为指标 k 对指标 j 的近距;d_{jk}^- 为指标 k 对指标 j 的远距。

指标 k 相对于指标 j 的范数灰关联度定义为

$$\xi_k=\frac{d_{jk}^-}{d_{jk}^++d_{jk}^-} \tag{1-32}$$

得到各指标相对于指标 j 的范数灰关联度，即可得到指标 j 的群范数灰关联度：

$$\delta_j = \frac{1}{m-1}\sum_{k=1,k\neq j}^{m}\xi_k \tag{1-33}$$

最后，确定各指标权重。

将群范数灰关联度做归一化处理，即得到各指标权重。

$$\omega_j = \frac{\delta_j}{\sum_{j=1}^{m}\delta_j} \quad j=1,2,\cdots,m \tag{1-34}$$

1.4　专家评价转化方法

1.4.1　模糊集理论

模糊集理论由扎德（Zadeh）于 1965 年提出，用于处理存在模糊性和不确定性的问题。普通集合中，论域 U 内的所有元素与定义的某集合的关系表现为绝对的“属于”或“不属于”的关系，集合内与集合外的元素具有清晰明显的“界限”。然而，在模糊集理论中，模糊集定义为具有连续隶属度的元素集合，将绝对的、离散的从属关系延伸为具有连续性的从属关系，实现了对模糊不确定性的数学表达。模糊集定义如下。

【定义 1-1】 设 x 为论域 U 内的任意元素，x 对于论域 U 上的集合 $\tilde{A}$ 的隶属程度可通过隶属度函数 $\mu_{\tilde{A}}(x)$ 表示，则 $\tilde{A}$ 可称为论域 U 上的模糊集合：

$$\tilde{A} = \left\{\left(x, \mu_{\tilde{A}}(x)\right) \mid x \in U, \mu_{\tilde{A}} \in [0,1]\right\} \tag{1-35}$$

其中，函数 $\mu_{\tilde{A}}(x)$ 表示元素 x 对于模糊集 $\tilde{A}$ 的隶属度，$\mu_{\tilde{A}}(x)$ 的取值越接近于 1，表明元素 x 对集合 $\tilde{A}$ 的隶属程度越高。如果 $\mu_{\tilde{A}}(x)$ 的取值只能为 0 或 1，则模糊集 $\tilde{A}$ 退化为普通集合。

模糊集理论运用模糊数处理专家评判语义中诸如“很可能发生”“几乎不可能发生”等的模糊信息。隶属度函数 $\mu_{\tilde{A}}(x)$ 可以定义为不同的形式，根据函数 $\mu_{\tilde{A}}(x)$ 在坐标系下的图像形状，常用的模糊隶属度函数包括三角形、梯形、高斯型和柯西型等不同类型。

1.4.1.1　三角模糊数

三角模糊数的隶属度函数（图 1-11）为

$$f_{\bar{M}}(x) = \begin{cases} (x-l)/(p-l) & l < x \leqslant p \\ (q-x)/(q-p) & p < x \leqslant q \\ 0 & \text{其他} \end{cases} \tag{1-36}$$

其中，$f_{\bar{M}}(x)$ 为隶属度函数；x 为研究范围中的元素；l、q 和 p 分别为模糊数的最小可能值、中等可能值和最大可能值。

1.4.1.2　梯形模糊数

梯形模糊数的隶属度函数（图 1-12）为

$$f_{\underset{-}{M}}(x)=\begin{cases}(x-a)/(b-a) & a<x\leqslant b\\ 1 & b<x\leqslant c\\ (d-x)/(d-c) & c<x\leqslant d\\ 0 & 其他\end{cases} \tag{1-37}$$

其中，$f_{\underset{-}{M}}(x)$为隶属度函数；x为研究范围中的元素；a、b、c和d为梯形模糊数的四个定义点，区间(b,c)为最可能取值区间，区间(a,d)为最大取值区间。

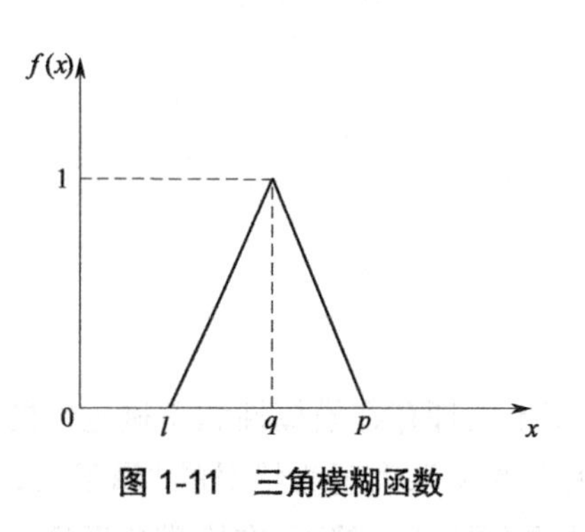

图 1-11　三角模糊函数

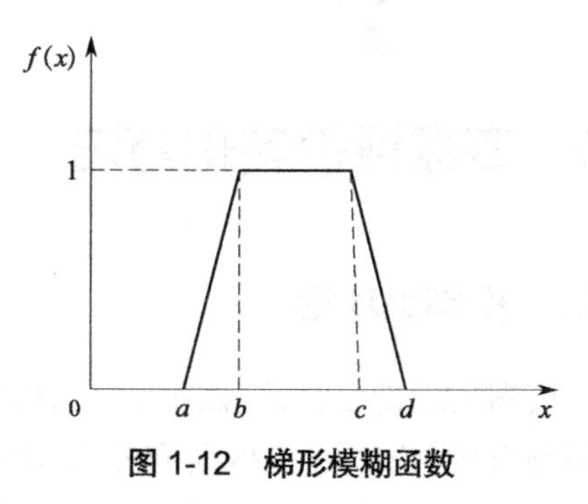

图 1-12　梯形模糊函数

1.4.1.3　复合模糊数

复合模糊数是指采用两种或两种以上模糊数表示的模糊数，一般采用三角模糊数和梯形模糊数综合表示。常采用的复合模糊数分为两种：五等级模糊数和七等级模糊数，应结合实际需求选取最合理的模糊数。

五等级复合模糊数特征函数（图 1-13）为

$$f_1(x)=\begin{cases}1 & x=0\\ (0.25-x)/0.25 & 0<x\leqslant 0.25\\ 0 & 其他\end{cases} \tag{1-38a}$$

$$f_2(x)=\begin{cases}x/0.25 & 0<x\leqslant 0.25\\ (0.5-x)/0.25 & 0.25<x\leqslant 0.5\\ 0 & 其他\end{cases} \tag{1-38b}$$

$$f_3(x)=\begin{cases}(x-0.25)/0.25 & 0.25<x\leqslant 0.5\\ (0.75-x)/0.25 & 0.5<x\leqslant 0.75\\ 0 & 其他\end{cases} \tag{1-38c}$$

$$f_4(x)=\begin{cases}(x-0.5)/0.25 & 0.5<x\leqslant 0.75\\ (1-x)/0.25 & 0.75<x\leqslant 1\\ 0 & 其他\end{cases} \tag{1-38d}$$

$$f_5(x)=\begin{cases}(x-0.75)/0.25 & 0.75<x<1\\ 1 & x=1\\ 0 & 其他\end{cases} \tag{1-38e}$$

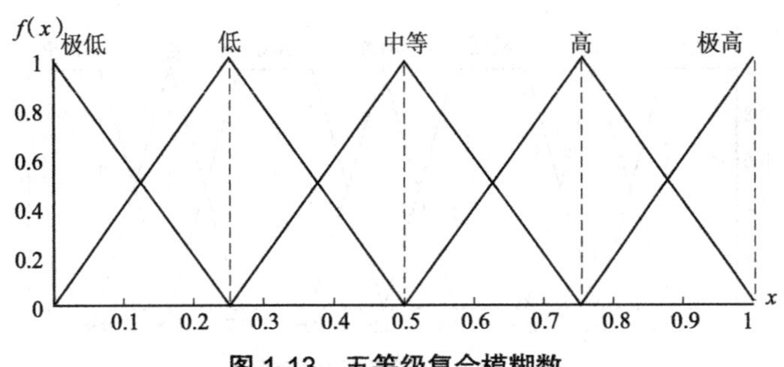

图 1-13　五等级复合模糊数

七等级复合模糊数特征函数（图 1-14）为

$$f_1(x)=\begin{cases}1 & 0<x\leqslant 0.1\\(0.2-x)/0.1 & 0.1<x\leqslant 0.2\\0 & \text{其他}\end{cases} \tag{1-39a}$$

$$f_2(x)=\begin{cases}(x-0.1)/0.1 & 0.1<x\leqslant 0.2\\(0.3-x)/0.1 & 0.2<x\leqslant 0.3\\0 & \text{其他}\end{cases} \tag{1-39b}$$

$$f_3(x)=\begin{cases}(x-0.2)/0.1 & 0.2<x\leqslant 0.3\\1 & 0.3<x\leqslant 0.4\\(0.5-x)/0.1 & 0.4<x\leqslant 0.5\\0 & \text{其他}\end{cases} \tag{1-39c}$$

$$f_4(x)=\begin{cases}(x-0.4)/0.1 & 0.4<x\leqslant 0.5\\(0.6-x)/0.1 & 0.5<x\leqslant 0.6\\0 & \text{其他}\end{cases} \tag{1-39d}$$

$$f_5(x)=\begin{cases}(x-0.5)/0.1 & 0.5<x\leqslant 0.6\\1 & 0.6<x\leqslant 0.7\\(0.8-x)/0.1 & 0.7<x\leqslant 0.8\\0 & \text{其他}\end{cases} \tag{1-39e}$$

$$f_6(x)=\begin{cases}(x-0.7)/0.1 & 0.7<x\leqslant 0.8\\(0.9-x)/0.1 & 0.8<x\leqslant 0.9\\0 & \text{其他}\end{cases} \tag{1-39f}$$

$$f_7(x)=\begin{cases}(x-0.8)/0.1 & 0.8<x\leqslant 0.9\\1 & 0.9<x\leqslant 1.0\\0 & \text{其他}\end{cases} \tag{1-39g}$$

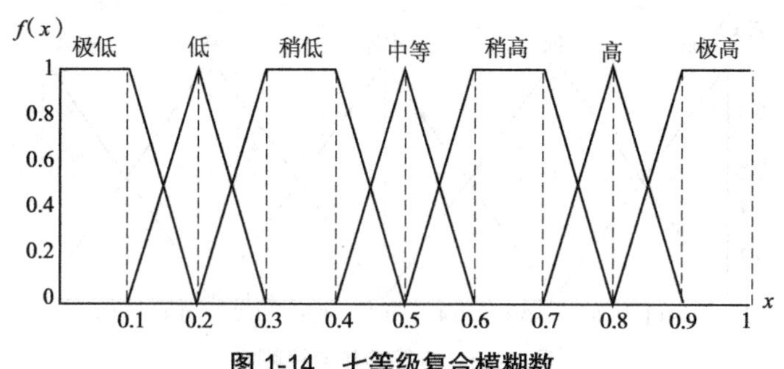

图 1-14 七等级复合模糊数

1.4.1.4 模糊数运算

对于多种途径获得的风险事件,其发生概率有多种表达形式,包括精确概率数值、模糊语言及各类模糊数。为便于后续统一处理,可将各类概率表达形式进行模糊数归一化,具体如下。

对于精确概率数值,将其转换为梯形模糊数 $\tilde{q}=(m,m,m,m)$。对于模糊语言,可通过对应的隶属度函数将其转换为对应的梯形模糊数。

假设梯形模糊数 $\tilde{q}_1$ 和 $\tilde{q}_2$ 分别由 (a_1,b_1,c_1,d_1) 和 (a_2,b_2,c_2,d_2) 表示,$\mu_{\tilde{q}_1}$ 和 $\mu_{\tilde{q}_2}$ 分别为梯形模糊数 $\tilde{q}_1$ 和 $\tilde{q}_2$ 的隶属函数,则:

(1)加法运算

$$\tilde{q}_1 \oplus \tilde{q}_2=(a_1+a_2,b_1+b_2,c_1+c_2,d_1+d_2)$$

(2)减法运算

$$\tilde{q}_1 \ominus \tilde{q}_2=(a_1-a_2,b_1-b_2,c_1-c_2,d_1-d_2)$$

(3)乘法运算

$$\tilde{q}_1 \otimes \tilde{q}_2=(a_1a_2,b_1b_2,c_1c_2,d_1d_2)$$

$$C \otimes \tilde{q}_1=(Ca_1,Cb_1,Cc_1,Cd_1)$$

其中,C 为常数。

(4)与门(and)、或门(or)运算

$$\tilde{q}_1 \text{ and } \tilde{q}_2=(a_1a_2,b_1b_2,c_1c_2,d_1d_2)$$

$$\tilde{q}_1 \text{ or } \tilde{q}_2=(1-(1-a_1)(1-a_2),1-(1-b_1)(1-b_2),1-(1-c_1)(1-c_2),1-(1-d_1)(1-d_2))$$

(5)相似性测度

$$S(\tilde{q}_1,\tilde{q}_2)=\frac{\int \min(\mu_{\tilde{q}_1},\mu_{\tilde{q}_2})\mathrm{d}x}{\int \max(\mu_{\tilde{q}_1},\mu_{\tilde{q}_2})\mathrm{d}x}$$

1.4.1.5 含有置信度的模糊数

实际的专家评价过程中,存在划分的评价等级不能完全体现专家观点、专家观点在两个等级之间摇摆犹豫等情况,这些都会影响评判结果的科学性。因此,引入置信度理论对专家观点表示形式进行改进。

以五等级复合模糊数为例,结合置信度理论进行改进,需遵循以下原则。

(1)某单一等级完全相符自身观点,写作 $\{(H_{ij},1.0)\}$,i、$j=1,2,\cdots,5$,且$i=j$。如"低"可

以写作 $\{(H_{22},1.0)\}$。

（2）两等级之间符合自身观点且对这两个等级置信度相同，写作 $\{(H_{ij},1.0)\}$，i、$j=1,2,\cdots,n$，且 $i\neq j$。如“低～中等”可以写作 $\{(H_{23},1.0)\}$。

（3）两等级之间符合自身观点且对这两个等级置信度不同，写作 $\{(H_{ii},\alpha),(H_{jj},\beta)\}$，$i$、$j=1,2,\cdots,n$，且 $i\neq j$。若 $\alpha+\beta=1$ 则认为该分布完整，若 $\alpha+\beta\neq1$ 则认为该分布缺失，需要将缺失的置信度 $\lambda=1-\alpha-\beta$ 分配到极低～极高的区间内。如0.2的置信度为“低”，0.8的置信度为“中等”，可以写作 $\{(H_{22},0.2),(H_{33},0.8)\}$，若将上述“中等”的置信度改为0.7，则写作 $\{(H_{22},0.2),(H_{33},0.7),(H_{15},0.1)\}$。

（4）对该评价对象无法做出评价或是无法确定等级，写作 $\{(H_{15},1.0)\}$，认为该事件的评价等级位于“极低”与“极高”之间。

1.4.1.6　反模糊化

反模糊化也称去模糊化，是将模糊集合映射为经典集合的过程，即在一定范围内，将模糊数用确定的数值表示的过程。反模糊化的方法有边界法、面积平分法、最大隶属度法、最值法、a-截集法和重心法等。

1. 重心法

重心法是基于几何问题中求图形重心的方法得来的，重心法求解公式为

$$h_{ij}=\frac{\int f_{ij}(x)x\mathrm{d}x}{f_{ij}(x)} \tag{1-40}$$

其中，h_{ij} 为反模糊化结果；$f_{ij}(x)$ 为模糊数。

利用重心法反模糊化三角形模糊数 (a_1,a_2,a_3)：

$$h_{ij}=\frac{\int_{a_1}^{a_2}\frac{x-a_1}{a_2-a_1}x\mathrm{d}x+\int_{a_2}^{a_3}\frac{a_3-x}{a_3-a_2}x\mathrm{d}x}{\int_{a_1}^{a_2}\frac{x-a_1}{a_2-a_1}\mathrm{d}x+\int_{a_2}^{a_3}\frac{a_3-x}{a_3-a_2}\mathrm{d}x}=\frac{1}{3}(a_1+a_2+a_3) \tag{1-41}$$

反模糊化梯形模糊数 (a_1,a_2,a_3,a_4)：

$$h_{ij}=\frac{\int_{a_1}^{a_2}\frac{x-a_1}{a_2-a_1}x\mathrm{d}x+\int_{a_2}^{a_3}x\mathrm{d}x+\int_{a_3}^{a_4}\frac{a_4-x}{a_4-a_3}x\mathrm{d}x}{\int_{a_1}^{a_2}\frac{x-a_1}{a_2-a_1}\mathrm{d}x+\int_{a_2}^{a_3}\mathrm{d}x+\int_{a_3}^{a_4}\frac{a_4-x}{a_4-a_3}\mathrm{d}x}=\frac{1}{3}\times\frac{(a_4+a_3)^2-a_4a_3-(a_1+a_2)^2+a_1a_2}{a_4+a_3-a_2-a_1} \tag{1-42}$$

2. 边界法

边界法求解公式为

$$h_{ij}=\frac{\sum_{i=0}^{n}(b_i-c)}{\sum_{i=0}^{n}(b_i-c)-\sum_{i=0}^{n}(a_i-d)} \tag{1-43}$$

其中，h_{ij} 为模糊集 H_{ij} 的反模糊数；c、d 分别为模糊集的左、右边界数；a_0、b_0 分别为模糊数

的左、右边界数；a_i、b_i分别为模糊数内层数，$i=1,2,\cdots,n$。

以反模糊化梯形模糊数为例：

$$h_{33}=\frac{(b_0-c)+(b_1-c)}{\left[(b_0-c)+(b_1-c)\right]-\left[(a_0-d)+(a_1-d)\right]}$$
$$=\frac{(7-0)+(6-0)}{\left[(7-0)+(6-0)\right]-\left[(3-10)+(4-10)\right]}=0.500$$

1.4.2 直觉模糊集

1.4.2.1 基本概念

直觉模糊集（Intuitionistic Fuzzy Set，IFS）是模糊集理论的延伸，它可以描述模糊概念的隶属度、非隶属度和犹豫度的不确定性。设X是论域，则X中的直觉模糊集$\tilde{A}$可以表示为

$$\tilde{A}=\left\{<x,\mu_{\tilde{A}}(x),\nu_{\tilde{A}}(x)>\middle|x\in X\right\} \tag{1-44}$$

其中，$\mu_{\tilde{A}}(x):X\to[0,1]$、$\nu_{\tilde{A}}(x):X\to[0,1]$分别为隶属度函数和非隶属度函数，满足$0\leqslant\mu_{\tilde{A}}(x)+\nu_{\tilde{A}}(x)\leqslant1,\forall x\in X$。$x\in\tilde{A}$的犹豫度定义为

$$\pi_{\tilde{A}}(x)=1-\mu_{\tilde{A}}(x)-\nu_{\tilde{A}}(x) \tag{1-45}$$

其中，$\pi_{\tilde{A}}(x)$为x属于$\tilde{A}$的犹豫度，$0\leqslant\pi_{\tilde{A}}(x)\leqslant1,\forall x\in X$。当$\pi_{\tilde{A}}(x)=0$时，直觉模糊集转换为模糊集。

1.4.2.2 区间值直觉模糊粗糙数

区间值直觉模糊粗糙数（Interval-Valued Intuitionistic Fuzzy Rough Number，IVIFRN）结合了直觉模糊集和粗糙集的相关理论，定义如下。

令U为所有属于判断信息的对象组成的集合，Y为U中的任意值。假设一个含有T个等级的语言评估集$Z=\{z_1,z_2,\cdots,z_i,\cdots,z_T\}$，等级顺序为$z_1<z_2<\cdots<z_i<\cdots<z_T$，其中$z_t(t=1,2,\cdots,T)$表示$Z$中的一个语言变量。$z_t$可以表示为区间值直觉模糊数（Interval-Valued Intuitionistic Fuzzy Number，IVIFN）$\text{IVIFN}=\{Y_t=([\chi_t,\psi_t],[\gamma_t,\kappa_t])\,|\,t=1,2,\cdots,T\}$，则$Y_t$的下近似$\underline{\text{Apr}}(z_t)$和上近似$\overline{\text{Apr}}(z_t)$可以确定为

$$\underline{\text{Apr}}(Y_t)=\bigcup\left\{Y\in U\,|\,Z(Y)=z_t\right\} \tag{1-46}$$

$$\begin{cases}\overline{\text{Apr}}_{\leqslant}(Y_t)=\bigcup\left\{Y\in U\,|\,Z(Y)\leqslant z_t\right\}\\ \overline{\text{Apr}}_{\geqslant}(Y_t)=\bigcup\left\{Y\in U\,|\,Z(Y)\geqslant z_t\right\}\end{cases} \tag{1-47}$$

IVIFRN 下限$\underline{\text{Lim}}(Y_t)$和上限$\overline{\text{Lim}}(Y_t)$可以表示为

$$\underline{\text{Lim}}(Y_t)=([\chi_t^L,\psi_t^L],[\gamma_t^L,\kappa_t^L])=\frac{1}{M_{\leqslant}}\sum_j C_j\,|\,C_j\in\overline{\text{Apr}}_{\leqslant}(Y_t)$$
$$=\left([\frac{1}{M_{\leqslant}}\sum\chi_j^L,\frac{1}{M_{\leqslant}}\sum\psi_j^L],[\sqrt[M_{\leqslant}]{(\prod\gamma_j^L)},\sqrt[M_{\leqslant}]{(\prod\kappa_j^L)}]\right) \tag{1-48}$$

$$\overline{\mathrm{Lim}}(Y_t)=([\chi_t^U,\psi_t^U],[\gamma_t^U,\kappa_t^U])=\frac{1}{M_{\geqslant}}\sum_k C_k \mid C_k\in\overline{\mathrm{Apr}_{\geqslant}}(Y_t)$$
$$=\left([\frac{1}{M_{\geqslant}}\sum\chi_k^U,\frac{1}{M_{\geqslant}}\sum\psi_k^U],[\sqrt[M_{\geqslant}]{(\prod\gamma_k^U)},\sqrt[M_{\geqslant}]{(\prod\kappa_k^U)}]\right) \tag{1-49}$$

其中，χ_t^L、ψ_t^L、γ_t^L、κ_t^L 为下限 $\underline{\mathrm{Lim}}(Y_t)$ 的 4 个标度；χ_t^U、ψ_t^U、γ_t^U、κ_t^U 为上限 $\overline{\mathrm{Lim}}(Y_t)$ 的 4 个标度；C_j 为 $\overline{\mathrm{Apr}_{\leqslant}}(Y_t)$ 中的第 j 个元素；$M_{\leqslant}$ 为 $\overline{Apr_{\leqslant}}(Y_t)$ 中包含的元素个数；C_k 为 $\overline{\mathrm{Apr}_{\geqslant}}(Y_t)$ 中的第 k 个元素；$M_{\geqslant}$ 为 $\overline{\mathrm{Apr}_{\geqslant}}(Y_t)$ 中包含的元素个数。

则区间值直觉模糊粗糙数 $IR(Y_t)$ 定义为

$$IR(Y_t)=(\underline{\mathrm{Lim}}(Y_t),\overline{\mathrm{Lim}}(Y))=(([\chi_t^L,\psi_t^L],[\gamma_t^L,\kappa_t^L]),([\chi_t^U,\psi_t^U],[\gamma_t^U,\kappa_t^U]))$$
$$=([\chi_t',\psi_t'],[\gamma_t',\kappa_t']) \tag{1-50}$$

其中，$\chi_t'=(\chi_t^L+\chi_t^U)/2$，$\psi_t'=(\psi_t^L+\psi_t^U)/2$，$\gamma_t'=(\gamma_t^L+\gamma_t^U)/2$，$\kappa_t'=(\kappa_t^L+\kappa_t^U)/2$。

对于一组区间值直觉模糊粗糙数 $IR(Y)=\{IR(Y_1),IR(Y_2),\cdots,IR(Y_n)\}$，其指数熵定义为

$$H_{\mathrm{E}}(Y)=\frac{1}{n(\sqrt{\mathrm{e}}-1)}\sum_{i=1}^{n}\left[\begin{array}{l}\dfrac{\chi_i'+\psi_i'+2-\gamma_i'-\kappa_i'}{4}\mathrm{e}^{1-\frac{\chi_i'+\psi_i'+2-\gamma_i'-\kappa_i'}{4}}+\\ \left(1-\dfrac{\chi_i'+\psi_i'+2-\gamma_i'-\kappa_i'}{4}\right)\mathrm{e}^{\frac{\chi_i'+\psi_i'+2-\gamma_i'-\kappa_i'}{4}}-1\end{array}\right] \tag{1-51}$$

1.4.2.3　运算规则

定义两个区间值直觉模糊粗糙数 $IR(Y_1)=[\underline{\mathrm{Lim}}(Y_1),\overline{\mathrm{Lim}}(Y_1)]=([\chi_1',\psi_1'],[\gamma_1',\kappa_1'])$ 和 $IR(Y_2)=[\underline{\mathrm{Lim}}(Y_2),\overline{\mathrm{Lim}}(Y_2)]=([\chi_2',\psi_2'],[\gamma_2',\kappa_2'])$。对应的算数运算规则如下：

（1）$IR(Y_1)+IR(Y_2)=\left[\underline{\mathrm{Lim}}(Y_1)\oplus\underline{\mathrm{Lim}}(Y_2),\overline{\mathrm{Lim}}(Y_1)\oplus\overline{\mathrm{Lim}}(Y_2)\right]$；

（2）$IR(Y_1)\times IR(Y_2)=\left[\underline{\mathrm{Lim}}(Y_1)\otimes\underline{\mathrm{Lim}}(Y_2),\overline{\mathrm{Lim}}(Y_1)\otimes\overline{\mathrm{Lim}}(Y_2)\right]$；

（3）$g\times IR(Y_1)=\left[g\otimes\underline{\mathrm{Lim}}(Y_1),g\otimes\overline{\mathrm{Lim}}(Y_1)\right]$，其中 g 为常数；

（4）$IR(Y_1)^g=\left[\underline{\mathrm{Lim}}(Y_1)^g,\overline{\mathrm{Lim}}(Y_1)^g\right]$。

两个区间值直觉模糊粗糙数间的距离定义为

$$d(IR(Y_1),IR(Y_2))=\sqrt{\frac{1}{4}[(\chi_1'-\chi_2')^2+(\psi_1'-\psi_2')^2+(\gamma_1'-\gamma_2')^2+(\kappa_1'-\kappa_2')^2]} \tag{1-52}$$

1.4.2.4　聚合算子

令 $IR(Y_j)=([\chi_j',\psi_j'],[\gamma_j',\kappa_j'])\ (j=1,2,\cdots,n)$ 为一组区间值直觉模糊粗糙数，权重向量 $\boldsymbol{\omega}=(\omega_1,\omega_2,\cdots,\omega_n)^{\mathrm{T}}$ 满足 $\omega_j\in[0,1]$，$\sum_{j=1}^{n}\omega_j=1$。则区间值直觉模糊粗糙加权平均（Interval-Valued Intuitionistic Fuzzy Rough Weighted Average，IVIFRWA）算子和区间值直觉模糊粗糙加权几何（Interval-Valued Intuitionistic Fuzzy Rough Weighted Geometric，IVIFRWG）算子表示为

$$\begin{aligned}\text{IVIFRWA}_{\omega}(Y_1,Y_2,\cdots,Y_n)&=\sum_{j=1}^{n}\omega_j IR(Y_j)\\&=\begin{pmatrix}\left([1-\prod_{j=1}^{n}(1-\chi_j^L)^{\omega_j},1-\prod_{j=1}^{n}(1-\psi_j^L)^{\omega_j}],[\prod_{j=1}^{n}\gamma_j^{L\omega_j},\prod_{j=1}^{n}\kappa_j^{L\omega_j}]\right),\\\left([1-\prod_{j=1}^{n}(1-\chi_j^U)^{\omega_j},1-\prod_{j=1}^{n}(1-\psi_j^U)^{\omega_j}],[\prod_{j=1}^{n}\gamma_j^{U\omega_j},\prod_{j=1}^{n}\kappa_j^{U\omega_j}]\right)\end{pmatrix}\\&=\left([1-\prod_{j=1}^{n}(1-\chi_j')^{\omega_j},1-\prod_{j=1}^{n}(1-\psi_j')^{\omega_j}],[\prod_{j=1}^{n}\gamma_j'^{\omega_j},\prod_{j=1}^{n}\kappa_j'^{\omega_j}]\right)\end{aligned} \tag{1-53}$$

$$\begin{aligned}\text{IVIFRWG}_{\omega}(Y_1,Y_2,\cdots,Y_n)&=\prod_{j=1}^{n}\omega_j IR(Y_j)\\&=\begin{pmatrix}\left([\prod_{j=1}^{n}\chi_j^{L\omega_j},\prod_{j=1}^{n}\psi_j^{L\omega_j}],[1-\prod_{j=1}^{n}(1-\gamma_j^L)^{\omega_j},1-\prod_{j=1}^{n}(1-\kappa_j^L)^{\omega_j}]\right),\\\left([\prod_{j=1}^{n}\chi_j^{U\omega_j},\prod_{j=1}^{n}\psi_j^{U\omega_j}],[1-\prod_{j=1}^{n}(1-\gamma_j^U)^{\omega_j},1-\prod_{j=1}^{n}(1-\kappa_j^U)^{\omega_j}]\right)\end{pmatrix}\\&=\left([\prod_{j=1}^{n}\chi_j'^{\omega_j},\prod_{j=1}^{n}\psi_j'^{\omega_j}],[1-\prod_{j=1}^{n}(1-\gamma_j')^{\omega_j},1-\prod_{j=1}^{n}(1-\kappa_j')^{\omega_j}]\right)\end{aligned} \tag{1-54}$$

1.4.2.5 反模糊化

对于区间值直觉模糊粗糙数$IR(Y)=([\chi',\psi'],[\gamma',\kappa'])$，反模糊化公式为

$$D(IR(Y))=\frac{\chi'+\psi'+(1-\gamma')+(1-\kappa')+\chi'\psi'-\sqrt{(1-\gamma')(1-\kappa')}}{4} \tag{1-55}$$

1.4.3 毕达哥拉斯模糊集

1.4.3.1 基本概念

毕达哥拉斯模糊集（Pythagorean Fuzzy Set，PFS）是直觉模糊集在模糊集合中的扩展，对于直觉模糊集而言，隶属度与非隶属度的和不能大于 1。因此，为了克服直觉模糊集在实际工程应用中无法描述复杂情况下的不确定性，Yage 提出了允许隶属度和非隶属度之和超过 1，而其平方和不超过 1 的毕达哥拉斯模糊集。可以认为毕达哥拉斯模糊集是直觉模糊集在定义域上的推广，二者的主要区别在于约束条件不同，毕达哥拉斯模糊集的几何范围大于直觉模糊集。因此，毕达哥拉斯模糊集在延续了直觉模糊集捕获和构建模糊信息的功能的前提下，增加了描述不精确信息的范围。毕达哥拉斯模糊集如图 1-15 所示。

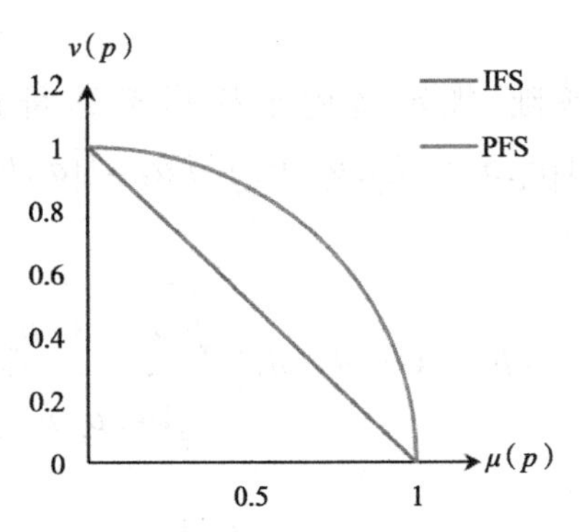

图 1-15　毕达哥拉斯模糊集

【定义 1-2】 设$X=\{x_i|i=1,2,\cdots,n\}$为给定论域，论域X上的毕达哥拉斯模糊集P为

$$P=\{\langle x,\mu_P(x_i),\nu_P(x_i)\rangle|x_i\in X\}$$

其中，$\mu_P(x_i)$、$\nu_P(x_i)$分别为集合P中的元素x_i的隶属度与非隶属度，并且满足$0\leqslant(\mu_P(x_i))^2+(\nu_P(x_i))^2\leqslant1$。

函数$\pi_P(x_i)=\sqrt{1-[\mu_P(x_i)]^2+[\nu_P(x_i)]^2}$称为集合$P$中的元素$x_i$的犹豫度。

1.4.3.2　梯形毕达哥拉斯模糊数

梯形毕达哥拉斯模糊数可表示为

$$\tilde{\alpha}=\langle([a,b,c,d];\mu_{\tilde{\alpha}}),([a',b,c,d'];\nu_{\tilde{\alpha}})\rangle$$

其中，$([a,b,c,d];\mu_{\tilde{\alpha}})$为最大隶属度$\mu_{\tilde{\alpha}}$的梯形模糊数，$([a',b,c,d'];\nu_{\tilde{\alpha}})$为最大非隶属度$\nu_{\tilde{\alpha}}$的梯形模糊数。一般来说，$[a,b,c,d]=[a',b,c,d']$，因此，可以将其表示为$\tilde{\alpha}=([a,b,c,d];\mu_{\tilde{\alpha}},\nu_{\tilde{\alpha}})$。其隶属度函数表示为

$$\mu_{\tilde{\alpha}}(x)=\begin{cases}(x-a)\mu_{\tilde{\alpha}}/(b-a) & a\leqslant x<b\\ \mu_{\tilde{\alpha}} & b\leqslant x\leqslant c\\ (d-x)\mu_{\tilde{\alpha}}/(d-c) & c<x\leqslant d\\ 0 & \text{其他}\end{cases}\tag{1-56}$$

非隶属度函数表示为

$$\nu_{\tilde{\alpha}}(x)=\begin{cases}[b-x+\nu(x-a')]\nu_{\tilde{\alpha}}/(b-a') & a'\leqslant x<b\\ \nu_{\tilde{\alpha}} & b\leqslant x\leqslant c\\ [x-c+\nu(d'-x)]\nu_{\tilde{\alpha}}/(d'-c) & c<x\leqslant d'\\ 0 & \text{其他}\end{cases}\tag{1-57}$$

其中，$0\leqslant\mu_{\tilde{\alpha}}\leqslant1$，$0\leqslant\nu_{\tilde{\alpha}}\leqslant1$，$0\leqslant\mu_{\tilde{\alpha}}+\nu_{\tilde{\alpha}}\leqslant1$，$a,b,c,d\in\mathbf{R}$，$\mathbf{R}$表示实数集。

梯形毕达哥拉斯模糊数$\tilde{\alpha}$的犹豫度表示为$\pi_{\tilde{\alpha}}=\sqrt{1-\mu_{\tilde{\alpha}}^2-\nu_{\tilde{\alpha}}^2}$，$\pi_{\tilde{\alpha}}$的值越小，表示该模糊数的确定性越强，当$b=c$时，梯形毕达哥拉斯模糊数转化为三角毕达哥拉斯模糊数。当$\mu_{\tilde{\alpha}}=1$并且$\nu_{\tilde{\alpha}}=0$时，$\tilde{\alpha}$称为标准化梯形毕达哥拉斯模糊数，当$a,b,c,d\in[0,1]$时，$\tilde{\alpha}$称为归一化梯形毕达哥拉斯模糊数。

1.4.3.3 聚合算子

以爱因斯坦算子为基础，规定适用于梯形毕达哥拉斯模糊集的计算规则，$\tilde{\alpha}=\left([a,b,c,d];\mu_{\tilde{\alpha}},\nu_{\tilde{\alpha}}\right)$，$\tilde{\alpha}_1=\left([a_1,b_1,c_1,d_1];\mu_{\tilde{\alpha}_1},\nu_{\tilde{\alpha}_1}\right)$与$\tilde{\alpha}_2=\left([a_2,b_2,c_2,d_2];\mu_{\tilde{\alpha}_2},\nu_{\tilde{\alpha}_2}\right)$是三个梯形毕达哥拉斯模糊数，并且$\delta\geqslant 0$。

（1）$\tilde{\alpha}_1\oplus_{\varepsilon}\tilde{\alpha}_2=\left([a_1+a_2,b_1+b_2,c_1+c_2,d_1+d_2];\dfrac{\sqrt{\left(\mu_{\tilde{\alpha}_1}\right)^2+\left(\mu_{\tilde{\alpha}_2}\right)^2}}{\sqrt{1+\left(\mu_{\tilde{\alpha}_1}\mu_{\tilde{\alpha}_2}\right)^2}},\dfrac{\nu_{\tilde{\alpha}_1}\nu_{\tilde{\alpha}_2}}{\sqrt{1+(1-\nu_{\tilde{\alpha}_1}^2)(1-\nu_{\tilde{\alpha}_2}^2)}}\right)$。

（2）$\tilde{\alpha}_1\otimes_{\varepsilon}\tilde{\alpha}_2=\left([a_1a_2,b_1b_2,c_1c_2,d_1d_2];\dfrac{\mu_{\tilde{\alpha}_1}\mu_{\tilde{\alpha}_2}}{\sqrt{1+(1-\mu_{\tilde{\alpha}_1}^2)(1-\mu_{\tilde{\alpha}_2}^2)}},\dfrac{\sqrt{\left(\nu_{\tilde{\alpha}_1}\right)^2+\left(\nu_{\tilde{\alpha}_2}\right)^2}}{\sqrt{1+\left(\nu_{\tilde{\alpha}_1}\nu_{\tilde{\alpha}_2}\right)^2}}\right)$。

（3）$\delta_{\varepsilon}\tilde{\alpha}=\left([\delta a,\delta b,\delta c,\delta d];\dfrac{\sqrt{(1+\mu_{\tilde{\alpha}}^2)^{\delta}-(1-\mu_{\tilde{\alpha}}^2)^{\delta}}}{\sqrt{(1+\mu_{\tilde{\alpha}}^2)^{\delta}+(1-\mu_{\tilde{\alpha}}^2)^{\delta}}},\dfrac{\sqrt{2(\nu_{\tilde{\alpha}}^2)^{\delta}}}{\sqrt{(2-\nu_{\tilde{\alpha}}^2)^{\delta}+(\nu_{\tilde{\alpha}}^2)^{\delta}}}\right)$，其中$\delta$为常数。

（4）$\tilde{\alpha}^{\wedge_{\varepsilon}\delta}=\left([a^{\delta},b^{\delta},c^{\delta},d^{\delta}];\dfrac{\sqrt{2(\mu_{\tilde{\alpha}}^2)^{\delta}}}{\sqrt{(2-\mu_{\tilde{\alpha}}^2)^{\delta}+(\mu_{\tilde{\alpha}}^2)^{\delta}}},\dfrac{\sqrt{(1+\nu_{\tilde{\alpha}}^2)^{\delta}-(1-\nu_{\tilde{\alpha}}^2)^{\delta}}}{\sqrt{(1+\nu_{\tilde{\alpha}}^2)^{\delta}+(1-\nu_{\tilde{\alpha}}^2)^{\delta}}}\right)$。

在以上梯形毕达哥拉斯模糊数计算规则的基础上，提出了若干个梯形毕达哥拉斯模糊爱因斯坦聚合算子，以实现对梯形毕达哥拉斯模糊数的基础运算。

1. 毕达哥拉斯梯形模糊爱因斯坦加权几何聚合算子（Pythagorean Trapezoidal Fuzzy Einstein Weighted Geometric，PTFEWG）

Ω表示梯形毕达哥拉斯模糊数的集合，$\tilde{\alpha}_j=\left([a_j,b_j,c_j,d_j];\mu_{\tilde{\alpha}_j},\nu_{\tilde{\alpha}_j}\right)$是其中一个梯形毕达哥拉斯模糊数子集，$n$维的PTFEWG算子是从$\Omega^n\to\Omega$的映射：

$$\mathrm{PTFEWG}(\tilde{\alpha}_1,\tilde{\alpha}_2,\cdots,\tilde{\alpha}_n)=\underset{j=1}{\overset{n}{\otimes_{\varepsilon}}}(\tilde{\alpha}_j)^{\omega_j}$$

$$=\left(\begin{array}{c}\left[\prod_{j=1}^{n}a_j^{\omega_j},\prod_{j=1}^{n}b_j^{\omega_j},\prod_{j=1}^{n}c_j^{\omega_j},\prod_{j=1}^{n}d_j^{\omega_j}\right];\\ \dfrac{\sqrt{2\prod_{j=1}^{n}(\mu_j^2)^{\omega_j}}}{\sqrt{\prod_{j=1}^{n}(2-\mu_j^2)^{\omega_j}+\prod_{j=1}^{n}(\mu_j^2)^{\omega_j}}},\dfrac{\sqrt{\prod_{j=1}^{n}(1+\nu_j^2)^{\omega_j}-\prod_{j=1}^{n}(1-\nu_j^2)^{\omega_j}}}{\sqrt{\prod_{j=1}^{n}(1+\nu_j^2)^{\omega_j}+\prod_{j=1}^{n}(1-\nu_j^2)^{\omega_j}}}\end{array}\right) \tag{1-58}$$

其中，$\boldsymbol{\omega}$为元素$\tilde{\alpha}_j$ $(j=1,2,\cdots,n)$的权重向量，$\boldsymbol{\omega}=(\omega_1,\omega_2,\cdots,\omega_i,\cdots,\omega_n)^{\mathrm{T}}$且满足$\omega_j\in[0,1]$，$\sum_{j=1}^{n}\omega_j=1$。

2. 毕达哥拉斯梯形模糊爱因斯坦顺序几何聚合算子(Pythagorean Trapezoidal Fuzzy Einstein Ordered Weighted Geometric, PTFEOWG)

$\tilde{\alpha}_j=\left(\left[a_j,b_j,c_j,d_j\right];\mu_{\tilde{\alpha}_j},v_{\tilde{\alpha}_j}\right)$是其中一个梯形毕达哥拉斯模糊数子集，$n$ 维的 PTFEOWG 算子是从 $\Omega^n \rightarrow \Omega$的映射，且位置权重向量 $\boldsymbol{\omega}=(\omega_1,\omega_2,\cdots,\omega_n)^{\mathrm{T}}$满足 $\omega_j \in[0,1]$，$\sum_{j=1}^{n}\omega_j=1$。

$$\begin{aligned}\mathrm{PTFEOWG}(\tilde{\alpha}_1,\tilde{\alpha}_2,\cdots,\tilde{\alpha}_n)&=\underset{j=1}{\overset{n}{\otimes}}{}_{\varepsilon}(\tilde{\alpha}_{\sigma(j)})^{\omega_j}\\&=\left(\begin{array}{c}\left[\prod_{j=1}^{n}a_{\sigma(j)}^{\omega_j},\prod_{j=1}^{n}b_{\sigma(j)}^{\omega_j},\prod_{j=1}^{n}c_{\sigma(j)}^{\omega_j},\prod_{j=1}^{n}d_{\sigma(j)}^{\omega_j}\right];\\ \dfrac{\sqrt{2\prod_{j=1}^{n}(\mu_{\sigma(j)}^2)^{\omega_j}}}{\sqrt{\prod_{j=1}^{n}(2-\mu_{\sigma(j)}^2)^{\omega_j}+\prod_{j=1}^{n}(\mu_{\sigma(j)}^2)^{\omega_j}}},\dfrac{\sqrt{\prod_{j=1}^{n}(1+v_{\sigma(j)}^2)^{\omega_j}-\prod_{j=1}^{n}(1-v_{\sigma(j)}^2)^{\omega_j}}}{\sqrt{\prod_{j=1}^{n}(1+v_{\sigma(j)}^2)^{\omega_j}+\prod_{j=1}^{n}(1-v_{\sigma(j)}^2)^{\omega_j}}}\end{array}\right)\end{aligned} \tag{1-59}$$

其中，$(\sigma_{(1)},\sigma_{(2)},\cdots,\sigma_{(n)})$ 为 $(1,2,\cdots,n)$ 的置换，使得对于 $j=1,2,\cdots,n$ 满足 $\tilde{\alpha}_{\sigma(j)}\geqslant\tilde{\alpha}_{\sigma(j+1)}$。PTFEOWG 算子的核心步骤在于重排序，PTFEOWG 算子首先对所有给定的梯形毕达哥拉斯模糊数进行顺序排列，然后按照爱因斯坦算子将这些梯形毕达哥拉斯模糊数按照其排序位置的权重相加。

3. 毕达哥拉斯梯形模糊爱因斯坦混合几何聚合算子(Pythagorean Trapezoidal Fuzzy Einstein Hybrid Geometric, PTFEHG)

PTFEHG 算子基于 PTFEWG 算子与 PTFEOWG 算子，在保留模糊数本身权重影响的基础上，削弱了极端值的影响，最大限度地保留了模糊数的信息完整性与准确性。$\tilde{\alpha}_j=\left(\left[a_j,b_j,c_j,d_j\right];\mu_{\tilde{\alpha}_j},v_{\tilde{\alpha}_j}\right)$是其中一个梯形毕达哥拉斯模糊数子集，$n$ 维的 PTFEHG 算子是从 $\Omega^n \rightarrow \Omega$的映射，其权重向量 $\boldsymbol{\omega}=(\omega_1,\omega_2,\cdots,\omega_n)^{\mathrm{T}}$ 满足 $\omega_j \in[0,1]$，$\sum_{j=1}^{n}\omega_j=1$，具体步骤如下。

(1)将梯形毕达哥拉斯模糊数 $\tilde{\alpha}_j$转化为受权重影响下的梯形模糊数$\tilde{\beta}_j$，表达式如下：

$$\tilde{\beta}_j=n\omega_j\tilde{\alpha}_j \quad j=1,2,\cdots,n \tag{1-60}$$

其中，$\boldsymbol{\omega}$为 $\alpha_j(j=1,2,\cdots,n)$的专家权重向量，$\boldsymbol{\omega}=(\omega_1,\omega_2,\cdots,\omega_n)^{\mathrm{T}}$；$n$ 为平衡系数。

(2)将梯形毕达哥拉斯模糊数 $\tilde{\beta}_j=\left(\left[a_j',b_j',c_j',d_j'\right];\mu_{\tilde{\alpha}_j}',v_{\tilde{\alpha}_j}'\right)$ 进行顺序重排列，得到$(\beta_{\sigma_{(1)}},\beta_{\sigma_{(2)}},\cdots,\beta_{\sigma_{(n)}})$表示毕达哥拉斯模糊数的$(\beta_1,\beta_2,\cdots,\beta_n)$的一个置换，使得$\beta_{\sigma_{(j)}}\geqslant\beta_{\sigma_{(j+1)}}$。

(3)基于梯形毕达哥拉斯模糊爱因斯坦几何混合聚合算子实现对目标的聚合，PTFEHG 算子数学模型如下：

$$\mathrm{PTFEHG}(\tilde{\alpha}_1,\tilde{\alpha}_2,\cdots,\tilde{\alpha}_n)=\bigotimes_{\varepsilon\, j=1}^{n}(\widetilde{\beta}_{\sigma(j)})^{\omega_j}$$

$$=\left(\left[\prod_{j=1}^{n}a'^{\omega_j}_{\sigma(j)},\prod_{j=1}^{n}b'^{\omega_j}_{\sigma(j)},\prod_{j=1}^{n}c'^{\omega_j}_{\sigma(j)},\prod_{j=1}^{n}d'^{\omega_j}_{\sigma(j)}\right];\frac{\sqrt{2\prod_{j=1}^{n}(u'^2_{\sigma(j)})^{\omega_j}}}{\sqrt{\prod_{j=1}^{n}(2-u'^2_{\sigma(j)})^{\omega_j}+\prod_{j=1}^{n}(u'^2_{\sigma(j)})^{\omega_j}}},\frac{\sqrt{\prod_{j=1}^{n}(1+v'^2_{\sigma(j)})^{\omega_j}-\prod_{j=1}^{n}(1-v'^2_{\sigma(j)})^{\omega_j}}}{\sqrt{\prod_{j=1}^{n}(1+v'^2_{\sigma(j)})^{\omega_j}+\prod_{j=1}^{n}(1-v'^2_{\sigma(j)})^{\omega_j}}}\right) \quad (1\text{-}61)$$

其中，$\boldsymbol{\omega}$为与位置相关的权重，$\boldsymbol{\omega}=(\omega_1,\omega_2,\cdots,\omega_n)^{\mathrm{T}}$。

1.4.4 犹豫模糊语言术语集

1.4.4.1 基本概念

【定义 1-3】 令S为一个语言术语集，$S=\{s_0,s_1,\cdots,s_g\}$，则犹豫模糊语言术语集（Hesitant Fuzzy Linguistic Term Set，HFLTS）H_S为S的连续语言术语的有序有限子集。

【定义 1-4】 令E_{G_H}为将从G_H得到的语言表达式ll转化为犹豫模糊语言术语集H_S的函数，其中S为使用的G_H的语言术语集：

$$E_{G_H}:ll\to H_S$$

通过规则得到的语言表达式可以根据不同的语义，采用不同的方法转化为 HFLTS：

$$E_{G_H}(s_i)=\{s_i\,|\,s_i\in S\}$$

$$E_{G_H}(\text{小于 }s_i)=\{s_j\,|\,s_j\in S,s_j\leqslant s_i\}$$

$$E_{G_H}(\text{大于 }s_i)=\{s_j\,|\,s_j\in S,s_j\geqslant s_i\}$$

$$E_{G_H}(s_i\text{ 和 }s_j\text{之间})=\{s_k\,|\,s_k\in S,s_i\leqslant s_k\leqslant s_j\}$$

为克服下标不对称和数学形式不完整的问题，下面给出了 HFLTS 的细化定义。

【定义 1-5】 令$x_i\in X(i=1,2,\cdots,N)$为一个固定集，$S=\{s_t\,|\,t=-\tau,\cdots,-1,0,1,\cdots,\tau\}$为一个语言术语集。$X$上的一个犹豫模糊语言术语集可以用数学形式表示为

$$H_S=\{\langle x_i,h_S(x_i)\rangle\,|\,x_i\in X\} \quad (1\text{-}62)$$

其中，$h_S(x_i)$为语言术语集S中一些项的集合，可以表示为

$$h_S(x_i)=\{s_{\phi_l}(x_i)\,|\,s_{\phi_l}(x_i)\in S,l=1,2,\cdots,L\}$$

其中，$S_{\phi_l}(x_i)$为语言术语集S中的L个元素；L为$h_S(x_i)$中语言术语的个数。

然而，在通常情况下，“低”或“高”等语言标签不足以让专家恰当地表达观点。为此，学者们引入了双层次语言术语集（Double Hierarchy Linguistic Term Set，DHLTS），丰富了语言术语集，例如“有点低”“高一点”，通过表达语言标签的程度来使专家评价意见更加准确。

【定义 1-6】 令$S=\{s_t\,|\,t=-\tau,\cdots,-1,0,1,\cdots,\tau\}$和$O=\{o_k\,|\,k=-\varsigma,\cdots,-1,0,1,\cdots,\varsigma\}$分别为第一层次语言术语集和第二层次语言术语集，且它们是完全独立的，则一个双层次语言术语

集 S_O 可以用数学形式表示为

$$S_O = \{s_{t\langle o_k \rangle} \mid t = -\tau, \cdots, -1, 0, 1, \cdots, \tau; k = -\varsigma, \cdots, -1, 0, 1, \cdots, \varsigma\} \tag{1-63}$$

其中，$s_{t\langle o_k \rangle}$ 为双层次语言术语，第一层次语言术语为 s_t，第二层次语言术语为 o_k。

通过将犹豫模糊语言术语集与双层次语言术语集相结合，提出了双层次犹豫模糊语言术语集（Double Hierarchy Hesitant Fuzzy Linguistic Term Set，DHHFLTS）及其相关定义。

【定义 1-7】 令 $S_O = \{s_{t\langle o_k \rangle} \mid t = -\tau, \cdots, -1, 0, 1, \cdots, \tau; k = -\varsigma, \cdots, -1, 0, 1, \cdots, \varsigma\}$ 为一个 DHLTS，X 上的一个 DHHFLTS H_{S_O} 可以用数学形式表示为

$$H_{S_O} = \left\{ \left\langle x_i, h_{S_O}(x_i) \right\rangle \mid x_i \in X \right\} \tag{1-64}$$

$h_{S_O}(x_i)$ 为 S_O 中一些值的集合，记为

$$h_{S_O}(x_i) = \{s_{\phi_l\langle o_{\varphi_l} \rangle}(x_i) \mid s_{\phi_l\langle o_{\varphi_l} \rangle} \in S; l = 1, 2, \cdots, L; \phi_l = -\tau, \cdots, -1, 0, 1, \cdots, \tau; \varphi_l = -\varsigma, \cdots, -1, 0, 1, \cdots, \varsigma\} \tag{1-65}$$

其中，L 为 $h_{S_O}(x_i)$ 中 DHLTS 的个数，每个 $h_{S_O}(x_i)$ 中的 $s_{\phi_l\langle o_{\varphi_l} \rangle}(x_i)(l = 1, 2, \cdots, L)$ 均为 S_O 中的连续项；$h_{S_O}(x_i)$ 为双层次犹豫模糊语义元素（Double Hierarchy Hesitant Fuzzy Linguistic Element，DHHFLE）；$\Phi \times \Psi$ 为 DHHFLES 所有集合的个数，Φ 为 ϕ_l 的个数，Ψ 为 φ_l 的个数。

【定义 1-8】 一个 DHHFLE 的包络记为 $env(h_{S_O})$，其边界的最大值记为上限 $h_{S_O}^{+}$，最小值记为下限 $h_{S_O}^{-}$，即

$$env(h_{S_O}) = \left[h_{S_O}^{-}, h_{S_O}^{+} \right] \tag{1-66}$$

则 DHHFLE h_{S_O} 包含从 $h_{S_O}^{-}$ 到 $h_{S_O}^{+}$ 的所有元素。

然而，在某些情况下，每个第一层次语言术语集对应的最恰当的第二层次语言术语集可能是不同的，且对于相同的第一层次语言术语集，不同专家习惯使用的第二层次语言术语集也可能不同。为了使方法更合理，引入了一种自由双层次结构，允许每个第一层次结构对应不同的第二层次结构，并且，基于自由双层次结构，提出了自由双层次犹豫模糊语言术语集（Free Double Hierarchy Hesitant Fuzzy Linguistic Term Set，FDHHFLTS）的概念及相关定义。

1.4.4.2 自由双层次犹豫模糊语言术语集

【定义 1-9】 令 $S = \{s_t \mid t = -\tau, \cdots, -1, 0, 1, \cdots, \tau\}$ 和 $O^t = \{o_k^t \mid k = -\zeta_t, \cdots, -1, 0, 1, \cdots, \zeta_t\}$ 分别为第一层次语言术语和第二层次语言术语，$t \in \{-\tau, \cdots, -1, 0, 1, \cdots, \tau\}$，则自由双层次语言术语集（Free Double Hierarchy Linguistic Term Set，FDHLTS）S_O^{F} 可以用数学形式表示为

$$S_O^{\mathrm{F}} = \{s_{t\langle o_k^t \rangle} \mid t = -\tau, \cdots, -1, 0, 1, \cdots, \tau; k = -\zeta_t, \cdots, -1, 0, 1, \cdots, \zeta_t\} \tag{1-67}$$

其中，$s_{t\langle o_k^t \rangle}$ 为一个自由双层次语言术语（FDHLT），表示当第一层次术语为 s_t，第二层次术语为 o_k^t。

【定义 1-10】 令 $S_O^{\mathrm{F}} = \{s_{t\langle o_k^t \rangle} \mid t = -\tau, \cdots, -1, 0, 1, \cdots, \tau; k = -\zeta_t, \cdots, -1, 0, 1, \cdots, \zeta_t\}$ 为一个 FDHLTS，X 上的一个 FDHHFLTS $H_{S_O^{\mathrm{F}}}$ 可以用数学形式表示为

$$H_{S_O^F}=\left\{\left\langle x_i,h_{S_O^F}(x_i)\right\rangle x_i\in X\right\} \tag{1-68}$$

其中，$h_{S_O^F}$为S_O^F中一些连续语言术语（Linguistic Terms，LT）的集合：

$$h_{S_O^F}=\{s_{\phi_l\left\langle o_{\varphi_l}^{\phi_l}\right\rangle}(x_i)\mid s_{\phi_l\left\langle o_{\varphi_l}^{\phi_l}\right\rangle}\in S_O^F;l=1,2,\cdots,L_i;\phi_l\in\{-\tau,\cdots,-1,0,1,\cdots,\tau\};\varphi_l\in\{-\zeta_{\phi_l},\cdots,-1,0,1,\cdots,\zeta_{\phi_l}\}\} \tag{1-69}$$

其中，L_i为$h_{S_O^F}(x_i)$中的 FDHLTS 的个数，对于$l=1,2,\cdots,L_i$，$s_{\phi_l\left\langle o_{\varphi_l}^{\phi_l}\right\rangle}(x_i)$为$h_{S_O^F}(x_i)$中$S_O^F$的连续项；$h_{S_O^F}(x_i)$为一个自由双层次犹豫模糊语义元素（Free Double Hierarchy Hesitant Fuzzy Linguistic Element，FDHHFLE）；$\Phi\times\Psi$为 FDHHFLES 所有集合的个数，Φ为ϕ_l的个数，Ψ为ϕ_l的个数。

1.4.4.3 专家意见转化为 FDHHFLTS

将上下文无关文法扩展到 FDHHFLTS 环境中，可用于将专家意见转化为 FDHHFLTS。

【定义 1-11】 令 $S_O^F=\{s_{t\left\langle o_k^t\right\rangle}\mid t=-\tau,\cdots,-1,0,1,\cdots,\tau;k=-\zeta_t,\cdots,-1,0,1,\cdots,\zeta_t\}$ 为一个 FDHLTS，$L(\Gamma_H)$为根据Γ_H得到的语言表达式。因此，根据【定义 1-4】，转换函数$E_{\Gamma_H}:L(\Gamma_H)\to\Phi\times\Psi$可以定义为

$$E_{\Gamma_H}(o_k^t s_t)=\{s_{t\left\langle o_k^t\right\rangle}\}$$

$$E_{\Gamma_H}(\text{at least } o_k^t s_t)=\begin{cases}\left\{s_{t\left\langle o_k^t\right\rangle},s_{t+1},s_{t+2},\ldots,s_\tau\right\} & t<\tau\\ \left\{s_{t\left\langle o_k^t\right\rangle},s_{t\left\langle o_{k+1}^t\right\rangle},\ldots,s_{t\left\langle o_0^t\right\rangle}\right\} & t=\tau\end{cases}$$

$$E_{\Gamma_H}(\text{at most } o_k^t s_t)=\begin{cases}\left\{s_{-\tau},s_{-t+1},\ldots,s_{t-1},s_{t\left\langle o_k^t\right\rangle}\right\} & t>-\tau\\ \left\{s_{-t\left\langle o_0^{-t}\right\rangle},s_{-t\left\langle o_1^{-t}\right\rangle},\ldots,s_{-t\left\langle o_k^{-t}\right\rangle}\right\} & t=-\tau\end{cases}$$

$$E_{\Gamma_H}(\text{between } o_{k_1}^{t_1}s_{t_1}\text{ and } o_{k_2}^{t_2}s_{t_2})=E_{\Gamma_H}(\text{between } o_{k_2}^{t_2}s_{t_2}\text{ and } o_{k_1}^{t_1}s_{t_1})$$

$$=\begin{cases}\left\{s_{t_1\left\langle o_{k_1}^{t_1}\right\rangle},s_{t_1+1},\ldots,s_{t_2-1},s_{t_2\left\langle o_{k_2}^{t_2}\right\rangle}\right\} & t_1<t_2\\ \left\{s_{t_2\left\langle o_{k_2}^{t_2}\right\rangle},s_{t_2+1},\ldots,s_{t_1-1},s_{t_1\left\langle o_{k_1}^{t_1}\right\rangle}\right\} & t_2<t_1\\ \left\{s_{t_1\left\langle o_{k_1}^{t_1}\right\rangle},s_{t_1\left\langle o_{k_1+1}^{t_1}\right\rangle},\ldots,s_{t_1\left\langle o_{k_2}^{t_1}\right\rangle}\right\} & (t_1=t_2)\wedge(k_1<k_2)\\ \left\{s_{t_1\left\langle o_{k_2}^{t_1}\right\rangle},s_{t_1\left\langle o_{k_2+1}^{t_1}\right\rangle},\ldots,s_{t_1\left\langle o_{k_1}^{t_1}\right\rangle}\right\} & (t_1=t_2)\wedge(k_2<k_1)\\ \left\{s_{t_1\left\langle o_{k_1}^{t_1}\right\rangle}\right\} & (t_1=t_2)\wedge(k_1=k_2)\end{cases}$$

【定义 1-12】 FDHLTS 和连续区间之间的转换函数。

令 $S_O^F=\{s_{t\left\langle o_k^t\right\rangle}\mid t=-\tau,\cdots,-1,0,1,\cdots,\tau;k=-\zeta_t,\cdots,-1,0,1,\cdots,\zeta_t\}$ 为一个 FDHLTS，

$h_{S_O^F}=\{s_{\phi_l\langle o_{\varphi_l}^{\phi_l}\rangle}(x_i)\mid s_{\phi_l\langle o_{\varphi_l}^{\phi_l}\rangle}\in S_O^F;\ l=1,\cdots,L;\phi_l\in\{-\tau,\cdots,\tau\};\varphi_l\in[-\zeta_{\phi_l},\zeta_{\phi_l}]\}$ 为一个连续 FDHHFLE，包含 L 个 LT。$h_\gamma=\{\gamma_l\mid\gamma_l\in[0,1];l=1,2,\cdots,L\}$ 为一个犹豫模糊元素（Hesitant Fuzzy Element，HFE），且 $\zeta=\max\{\zeta_0,\zeta_1,\cdots,\zeta_k\}$，则有：

（1）使 LT $s_{\phi_l\langle o_{\varphi_l}^{\phi_l}\rangle}$ 的每对下标 (ϕ_l,φ_l) 和隶属度 γ_l 表示等价信息的转换函数 f_F 和 f_F^{-1} 为

$$f_F:\{-\tau,\cdots,\tau\}\times[-\zeta,\zeta]\to[0,1],$$

$$(\phi_l,\varphi_l)\mapsto f_F(\phi_l,\varphi_l)=\gamma_l$$

$$=\begin{cases}\dfrac{(\tau+\phi_l)}{2\tau}+\dfrac{\varphi_l}{2\zeta_{\phi_l}\tau} & \varphi_l\in\left[-\zeta_{\phi_l},\zeta_{\phi_l}\right]\\ \nexists & \varphi_l\notin\left[-\zeta_{\phi_l},\zeta_{\phi_l}\right]\end{cases}$$

$$f_F:[0,1]\to\{-\tau,\cdots,\tau\}\times[-\zeta,\zeta],$$

$$\gamma_l\mapsto f_F^-=(\phi_l,\varphi_l)$$

$$=\begin{cases}\left([2\tau\gamma_l-\tau]+1,\zeta\left(2\tau\gamma_l-\tau-[2\tau\gamma_l-\tau]-1\right)\right) & 1-\tau\leqslant2\tau\gamma_l-\tau\leqslant\tau-1\\ \left(\tau,\zeta\left(2\tau\gamma_l-\tau-[2\tau\gamma_l-\tau]-1\right)\right) & \tau-1\leqslant2\tau\gamma_l-\tau\leqslant\tau\\ \left(1-\tau,\zeta\left(2\tau\gamma_l-\tau-[2\tau\gamma_l-\tau]-1\right)\right) & -\tau\leqslant2\tau\gamma_l-\tau\leqslant1-\tau\end{cases}$$

（2）FDHHFLE $h_{S_O^F}$ 和 HFE h_γ 之间的转换函数 F_F 和 F_F^{-1} 分别为

$$F_F:\Phi\times\Psi\to\Theta,$$

$$h_{S_O^F}\mapsto F_F\left(h_{S_O^F}\right)=\{\gamma_l\mid\gamma_l=f_F(\phi_l,\varphi_l)\}=h_\gamma$$

其中，Θ 为转换后的 HFE 的个数。

$$F_F^{-1}:\Theta\to\Phi\otimes\Psi_C,$$

$$h_\gamma\mapsto F_F^{-1}(h_\gamma)=\left\{s_{\phi_l\langle o_{\varphi_l}^{\phi_l}\rangle}\mid(\phi_l,\varphi_l)=f_F^{-1}(\gamma_l)\right\}=h_{S_O^F}$$

其中，$\Phi\otimes\Psi_C$ 为所有可能的连续 FDHHFLE 的集合。

【定义 1-13】 令 $S_O^F=\{s_{t\langle o_k^t\rangle}\mid t=-\tau,\cdots,-1,0,1,\cdots,\tau;k=-\zeta_t,\cdots,-1,0,1,\cdots,\zeta_t\}$ 为一个 FDHLTS，则累积函数 $\mathcal{A}$ 将连续 FDHLTS 映射为 [0,1]：

$$\mathcal{A}:S_O^F\to[0,1]$$

$$s_{t\langle o_k^t\rangle}\mapsto\mathcal{A}\left(s_{t\langle o_k^t\rangle}\right)=\begin{cases}(t+\tau)\cdot\dfrac{1}{2\tau}+\dfrac{k/(2\tau\zeta_t)}{2} & \zeta_t\neq0\\ (t+\tau)\cdot\dfrac{1}{2\tau} & \zeta_t=0\end{cases}$$

【定义 1-14】 令 $S_O^F=\{s_{t\langle o_k^t\rangle}\mid t=-\tau,\cdots,-1,0,1,\cdots,\tau;k=-\zeta_t,\cdots,-1,0,1,\cdots,\zeta_t\}$ 为一个 FDHLTS，$h_{S_O^F}$ 为根据 S_O^F 得到的一个连续 FDHHFLE，其包络为 $\left[s_{t^-\langle o_{k^-}^{t^-}\rangle},s_{t^+\langle o_{k^+}^{t^+}\rangle}\right]$，则 $h_{S_O^F}$ 的面积定义为

$$\text{Area}\left(h_{S_O^F}\right)=\mathcal{A}\left(s_{t^+\left\langle o_{k^+}^{t^+}\right\rangle}\right)-\mathcal{A}\left(s_{t^-\left\langle o_{k^-}^{t^-}\right\rangle}\right) \tag{1-70}$$

其中，对于离散的 FDHHFLE，需要使用连续性校正因子：

$$\text{Area}\left(h_{S_O^F}\right)=\begin{cases}\delta\left[\mathcal{A}\left(s_{t\left\langle o_{k+1/2}^t\right\rangle}\right),\dfrac{1/2}{2\tau}\right]-\delta\left[\mathcal{A}\left(s_{t\left\langle o_{k-1/2}^t\right\rangle}\right),\dfrac{1/2}{2\tau}\right] & t=-\tau\\ \delta\left[\mathcal{A}\left(s_{t\left\langle o_{k+1/2}^t\right\rangle}\right),\dfrac{t+\tau+1/2}{2\tau}\right]-\delta\left[\mathcal{A}\left(s_{t\left\langle o_{k-1/2}^t\right\rangle}\right),\dfrac{t+\tau-1/2}{2\tau}\right] & t=-\tau+1,\cdots,\tau-1\\ \delta\left[\mathcal{A}\left(s_{t\left\langle o_{k+1/2}^t\right\rangle}\right),1\right]-\delta\left[\mathcal{A}\left(s_{t\left\langle o_{k-1/2}^t\right\rangle}\right),\dfrac{2\tau-1/2}{2\tau}\right] & t=\tau\end{cases} \tag{1-71}$$

其中，当 a 存在时 $\delta\,[a,b]$ 的值为 a，否则为 b。

1.4.4.4 自由双层次犹豫模糊语言弗兰克聚合算子（Free Double Hierarchy Hesitant Fuzzy Linguistic Frank Aggregation，FDHHFLFA）算子

【定义 1-15】 当对于所有 x、y 和 z，函数 $T:[0,1]\times[0,1]\to[0,1]$ 满足以下四个要求，则 T 为一个三角范数（Triangle Norms，t-范数）：

（1）$T(1,x)=x$；

（2）$T(x,y)=T(y,x)$；

（3）$T(x,T(y,z))=T(T(x,y),z)$；

（4）若 $x\leqslant x'$，$y\leqslant y'$，则 $T(x,y)\leqslant T(x',y')$。

【定义 1-16】 当对于所有 x、y 和 z，函数 $S:[0,1]\times[0,1]\to[0,1]$ 满足以下四个要求，则 S 为一个 t-余范数：

（1）$S(0,x)=x$；

（2）$S(x,y)=S(y,x)$；

（3）$S(x,S(y,z))=S(S(x,y),z)$；

（4）若 $x\leqslant x'$，$y\leqslant y'$，则 $S(x,y)\leqslant S(x',y')$。

【定义 1-17】 当一个 t-范数 $T(x,y)$ 连续且对于所有 $x\in(0,1)$ 满足 $T(x,y)<x$，则其为一个 Archimedean t-范数。同时，如果一个 Archimedean t-范数对于每个变量 $x,y\in(0,1)$ 是严格递增的，则其为一个严格 Archimedean t-范数。

【定义 1-18】 当一个 t-余范数 $S(x,y)$ 连续且对于所有 $x\in(0,1)$ 满足 $S(x,y)>x$，则其为一个 Archimedean t-余范数。同时，如果一个 Archimedean t-余范数对于每个变量 $x,y\in(0,1)$ 是严格递增的，则其为一个严格 Archimedean t-余范数。

每个严格 Archimedean t-范数和 t-余范数都可以用加法生成子 g 分别表示为 $T(x,y)=g^{-1}\left(g(x)+g(y)\right)$ 和 $S(x,y)=h^{-1}\left(h(x)+h(y)\right)$，其中 $h(t)=g(1-t)$。

令 $g(t)=\ln\dfrac{\gamma-1}{\gamma^t-1},\gamma>1$，则 $h(t)=\ln\dfrac{\gamma-1}{\gamma^{1-t}-1}$，$g^{-1}(t)=\dfrac{\ln\dfrac{\gamma-1+\mathrm{e}^\gamma}{\mathrm{e}^\gamma}}{\ln\gamma}$，$h^{-1}(t)=1-g^{-1}(t)=1-$

$\frac{\ln\frac{\gamma-1+e^{\gamma}}{e^{\gamma}}}{\ln\gamma}$，则 Frank t-范数和 t-余范数可以表示为

$$S_{\gamma}^{\mathrm{Fr}}(x,y)=1-\ln_{\gamma}\left[1+\frac{(\gamma^{1-x}-1)(\gamma^{1-y}-1)}{\gamma-1}\right] \quad \gamma>1 \tag{1-72}$$

$$T_{\gamma}^{\mathrm{Fr}}(x,y)=\ln_{\gamma}\left[1+\frac{(\gamma^{x}-1)(\gamma^{y}-1)}{\gamma-1}\right] \quad \gamma>1 \tag{1-73}$$

基于 t-范数和 t-余范数的相关概念，进一步提出了犹豫模糊元素的 Frank 积、Frank 和以及 Frank 运算。

【定义 1-19】 Frank 和 $\oplus_{\mathrm{F}}$ 与 Frank 积 $\otimes_{\mathrm{F}}$ 分别为一个 t-余范数和一个 t-范数，对于 $\forall(x,y)\in[0,1]\times[0,1]$，

$$x\oplus_{\mathrm{Fr}}y=1-\log_{\lambda}\left[1+\frac{(\lambda^{1-x}-1)(\lambda^{1-y}-1)}{\lambda-1}\right]$$

$$x\otimes_{\mathrm{Fr}}y=\log_{\lambda}\left[1+\frac{(\lambda^{x}-1)(\lambda^{y}-1)}{\lambda-1}\right]$$

【定义 1-20】 令 h_1、h_2、h_3 为三个 HFE，$k>0$，$\lambda>1$，相关的 Frank 运算可以描述如下：

（1）$h_1\oplus_{\mathrm{Fr}}h_2=\bigcup_{\gamma_1\in h_1,\gamma_2\in h_2}\left\{1-\log_{\lambda}\left[1+\frac{(\lambda^{1-\gamma_1}-1)(\lambda^{1-\gamma_2}-1)}{\lambda-1}\right]\right\}$；

（2）$h_1\otimes_{\mathrm{Fr}}h_2=\bigcup_{\gamma_1\in h_1,\gamma_2\in h_2}\left\{\log_{\lambda}\left[1+\frac{(\lambda^{\gamma_1}-1)(\lambda^{\gamma_2}-1)}{\lambda-1}\right]\right\}$；

（3）$k\cdot_{\mathrm{Fr}}h=\bigcup_{\gamma\in h}\left\{1-\log_{\lambda}\left[1+\frac{(\lambda^{1-\gamma}-1)^{k}}{(\lambda-1)^{k-1}}\right]\right\}$；

（4）$h^{\wedge_{\mathrm{Fr}}k}=\bigcup_{\gamma\in h}\left\{\log_{\lambda}\left[1+\frac{(\lambda^{\gamma}-1)^{k}}{(\lambda-1)^{k-1}}\right]\right\}$。

在此基础上，将 Frank 运算扩展到 FDHHFLE 上，并提出了自由双层次犹豫模糊语言 Frank 加权聚合（Free Double Hierarchy Hesitant Fuzzy Linguistic Frank Weighted Aggregation，FDHHFL-FWA）算子、自由双层次犹豫模糊语言 Frank 有序加权聚合（Free Double Hierarchy Hesitant Fuzzy Linguistic Frank Ordered Weighted Aggregation，FDHHFL-FOWA）算子和自由双层次犹豫模糊语言 Frank 混合加权聚合（Free Double Hierarchy Hesitant Fuzzy Linguistic Frank Hybrid Weighted Aggregation，FDHHFL-FHWA）算子。

【定义 1-21】 令 S_O^{F} 为一个 FDHLTS，$h_{S_O^{\mathrm{F}}}^{1}$、$h_{S_O^{\mathrm{F}}}^{2}$ 和 $h_{S_O^{\mathrm{F}}}^{3}$ 为根据 S_O^{F} 得到的三个 FDHHFLE，$k>0$，$\theta>0$，它们的 Frank 运算可以定义如下：

（1）$h_{S_O^F}^1 \oplus_{Fr} h_{S_O^F}^2 = F^{-1}\left(\bigcup_{\eta_1 \in F(h_{S_O^F}^1), \eta_2 \in F(h_{S_O^F}^2)} \left\{1-\log_\theta\left[1+\frac{(\theta^{1-\eta_1}-1)(\theta^{1-\eta_2}-1)}{\theta-1}\right]\right\}\right)$

（2）$h_{S_O^F}^1 \otimes_{Fr} h_{S_O^F}^2 = F^{-1}\left(\bigcup_{\eta_1 \in F(h_{S_O^F}^1), \eta_2 \in F(h_{S_O^F}^2)} \left\{\log_\theta\left[1+\frac{(\theta^{\eta_1}-1)(\theta^{\eta_2}-1)}{\theta-1}\right]\right\}\right)$

（3）$k \cdot_{Fr} h_{S_O^F} = F^{-1}\left(\bigcup_{\eta \in F(h_{S_O^F})} \left\{1-\log_\theta\left[1+\frac{(\theta^{1-\eta}-1)^k}{(\theta-1)^{k-1}}\right]\right\}\right)$

（4）$h_{S_O^F}^{\wedge_{Fr} k} = F^{-1}\left(\bigcup_{\eta \in F(h_{S_O^F})} \left\{\log_\theta\left[1+\frac{(\theta^{\eta}-1)^k}{(\theta-1)^{k-1}}\right]\right\}\right)$

【定理 1-1】 令S_O^F为一个 FDHLTS，$h_{S_O^F}^1$、$h_{S_O^F}^2$和$h_{S_O^F}^3$为根据S_O^F得到的三个 FDHHFLE，它们满足：

（1）$h_{S_O^F}^1 \oplus_{Fr} h_{S_O^F}^2 = h_{S_O^F}^2 \oplus_{Fr} h_{S_O^F}^1$；

（2）$h_{S_O^F}^1 \otimes_{Fr} h_{S_O^F}^2 = h_{S_O^F}^2 \otimes_{Fr} h_{S_O^F}^1$；

（3）$h_{S_O^F}^1 \oplus_{Fr} \left(h_{S_O^F}^2 \oplus_{Fr} h_{S_O^F}^3\right) = \left(h_{S_O^F}^1 \oplus_{Fr} h_{S_O^F}^2\right) \oplus_{Fr} h_{S_O^F}^3$；

（4）$h_{S_O^F}^1 \otimes_{Fr} \left(h_{S_O^F}^2 \otimes_{Fr} h_{S_O^F}^3\right) = \left(h_{S_O^F}^1 \otimes_{Fr} h_{S_O^F}^2\right) \otimes_{Fr} h_{S_O^F}^3$。

【定义 1-22】 令$h_{S_O^F}^j (j=1,2,\cdots,k)$表示一系列 FDHHFLE，$\boldsymbol{\omega}_j = (\omega_1, \omega_2, \cdots, \omega_j, \cdots \omega_k)^T$表示$h_{S_O^F}^j$的主观权重向量，满足$\omega_j \geqslant 0$，$\sum_{j=1}^k \omega_j = 1$。FDHHFL-FWA 算子可以被定义为一个映射$(\Phi \times \Psi)^n \to \Phi \times \Psi$：

$$\text{FDHHFL-FWA}\left(h_{S_O^F}^1, h_{S_O^F}^2, \cdots, h_{S_O^F}^k\right) = \oplus_{F\,j=1}^{\;k}\left(\omega_j \cdot_F h_{S_O^F}^j\right) \tag{1-74}$$

【定理 1-2】 令$h_{S_O^F}^j (j=1,2,\cdots,k)$表示一系列 FDHHFLE，$\boldsymbol{\omega}_j = (\omega_1, \omega_2, \cdots, \omega_j, \cdots \omega_k)^T$表示$h_{S_O^F}^j$的主观权重向量，满足$\omega_j \geqslant 0$，$\sum_{j=1}^k \omega_j = 1$。采用 FDHHFL-FWA 算子聚合得到的结果仍然是 FDHHFLE：

$$\begin{aligned}\text{FDHHFL-FHWA}\left(h_{S_O^F}^1, h_{S_O^F}^2, \cdots, h_{S_O^F}^k\right) &= \oplus_{F\,j=1}^{\;k}\left(\omega_j \cdot_F h_{S_O^F}^j\right)\\ &= F^{-1}\left(\bigcup_{\eta_1 \in F(h_{S_O^F}^1), \eta_2 \in F(h_{S_O^F}^2), \cdots, \eta_k \in F(h_{S_O^F}^k)} \left\{1-\log_\theta\left[1+\frac{\prod_{j=1}^k \left(\theta^{1-\eta_j}-1\right)^{\omega_j}}{(\theta-1)^{\sum_{j=1}^k \omega_j - 1}}\right]\right\}\right)\end{aligned} \tag{1-75}$$

【定义 1-22】 令$h_{S_O^F}^j (j=1,2,\cdots,k)$表示一系列 FDHHFLE，$\boldsymbol{\lambda} = (\lambda_1, \lambda_2, \cdots, \lambda_j, \cdots, \lambda_k)^T$表示$h_{S_O^F}^j$的关联权重向量，满足$\lambda_j \in [0,1]$，$\sum_{j=1}^k \lambda_j = 1$，且$\sigma: \{1,2,\cdots,k\} \to \{1,2,\cdots, k\}$为一个排序，

使 $\lambda_i \geqslant \lambda_{i+1}(i=1,2,\cdots,n-1)$。FDHHFL-FOWA 算子可以被定义为一个映射 $(\Phi \otimes \Psi)^n \to \Phi \otimes \Psi$:

$$\text{FDHHFL-FOWA}\left(h_{S_O^F}^1, h_{S_O^F}^2, \cdots, h_{S_O^F}^k\right) = \oplus_{\text{Fr}\, j=1}^{\ \ k}\left(\lambda_j \cdot_{\text{Fr}} h_{S_O^F}^{\sigma(j)}\right) \tag{1-76}$$

【定理 1-3】 令 $h_{S_O^F}^j (j=1,2,\cdots,k)$ 表示一系列 FDHHFLE，$\boldsymbol{\lambda}=\left(\lambda_1,\lambda_2,\cdots,\lambda_j,\cdots,\lambda_k\right)^{\mathrm{T}}$ 表示 $h_{S_O^F}^j$ 的关联权重向量，满足 $\lambda_j \in [0,1]$，$\sum_{j=1}^{k}\lambda_j = 1$，且 $\sigma:\{1,2,\cdots,k\} \to \{1,2,\cdots,k\}$ 为一个排序，使 $\lambda_i \geqslant \lambda_{i+1}(i=1,2,\cdots,n-1)$。采用 FDHHFL-FOWA 算子聚合得到的结果仍然是 FDHHFLE:

$$\begin{aligned}
&\text{FDHHFL-FHWA}\left(h_{S_O^F}^{\sigma(1)}, h_{S_O^F}^{\sigma(2)}, \cdots, h_{S_O^F}^{\sigma(k)}\right) = \oplus_{\text{Fr}\, j=1}^{\ \ k}\left(\lambda_j \cdot_{\text{Fr}} h_{S_O^F}^{\sigma(j)}\right) \\
&= F^{-1}\left(\bigcup_{\eta_1 \in F(h_{S_O^F}^{\sigma(1)}), \eta_2 \in F(h_{S_O^F}^{\sigma(2)}), \cdots, \eta_k \in F(h_{S_O^F}^{\sigma(k)})}\left\{1-\log_\theta\left[1+\frac{\prod_{j=1}^{k}\left(\theta^{1-\eta_j}-1\right)^{\lambda_j}}{(\theta-1)^{\sum_{j=1}^{k}\lambda_j - 1}}\right]\right\}\right)
\end{aligned} \tag{1-77}$$

【定义 1-23】 令 $h_{S_O^F}^j (j=1,2,\cdots,k)$ 表示一系列 FDHHFLE，$\boldsymbol{\omega}=(\omega_1,\omega_2,\cdots,\omega_j,\cdots,w_k)^{\mathrm{T}}$ 表示 $h_{S_O^F}^j$ 的主观权重向量，满足 $\omega_j \geqslant 0$，$\sum_{j=1}^{k}\omega_j = 1$，$\boldsymbol{\lambda}=\left(\lambda_1,\lambda_2,\cdots,\lambda_j,\cdots,\lambda_k\right)^{\mathrm{T}}$ 表示 $h_{S_O^F}^j$ 的关联权重向量，满足 $\lambda_j \in [0,1]$，$\sum_{j=1}^{k}\lambda_j = 1$，且 $\sigma:\{1,2,\cdots,k\} \to \{1,2,\cdots,k\}$ 为一个排序，使 $\lambda_i \geqslant \lambda_{i+1}(i=1,2,\cdots,n-1)$。FDHHFL-FHWA 算子可以被定义为一个映射 $(\Phi \times \Psi)^n \to \Phi \times \Psi$:

$$\text{FDHHFL-FHWA}\left(h_{S_O^F}^1, h_{S_O^F}^2, \cdots, h_{S_O^F}^k\right) = \frac{\oplus_{\text{Fr}\, j=1}^{\ \ k}\left(\lambda_j \omega_{\varepsilon(j)} \cdot_{\text{Fr}} h_{S_O^F}^{\sigma(j)}\right)}{\sum_{j=1}^{k}\lambda_j \omega_{\varepsilon(j)}} \tag{1-78}$$

【定理 1-4】 令 $h_{S_O^F}^j (j=1,2,\cdots,k)$ 表示一系列 FDHHFLE，$\boldsymbol{\omega}=(\omega_1,\omega_2,\cdots,\omega_j,\cdots,\omega_k)^{\mathrm{T}}$ 表示 $h_{S_O^F}^j$ 的主观权重向量，满足 $\omega_j \geqslant 0$，$\sum_{j=1}^{k}\omega_j = 1$，$\boldsymbol{\lambda}=\left(\lambda_1,\lambda_2,\cdots,\lambda_j,\cdots\lambda_k\right)^{\mathrm{T}}$ 表示 $h_{S_O^F}^j$ 的关联权重向量，满足 $\lambda_j \in [0,1]$，$\sum_{j=1}^{k}\lambda_j = 1$，且 $\sigma:\{1,2,\cdots,k\} \to \{1,2,\cdots,k\}$ 为一个排序，使 $\lambda_i \geqslant \lambda_{i+1}(i=1,2,\cdots,n-1)$。采用 FDHHFL-FHWA 算子聚合得到的结果仍然是 FDHHFLE:

$$\begin{aligned}
&\text{FDHHFL-FHWA}\left(h_{S_O^F}^1, h_{S_O^F}^2, \cdots, h_{S_O^F}^k\right) = \frac{\oplus_{\text{Fr}\, j=1}^{\ \ k}\left(\lambda_j \omega_{\varepsilon(j)} \cdot_{\text{Fr}} h_{S_O^F}^{\sigma(j)}\right)}{\sum_{j=1}^{k}\lambda_j \omega_{\varepsilon(j)}} \\
&= F^{-1}\left(\bigcup_{\eta_1 \in F(h_{S_O^F}^1), \eta_2 \in F(h_{S_O^F}^2), \cdots, \eta_k \in F(h_{S_O^F}^k)}\left\{1-\log_\theta\left[1+\frac{\prod_{j=1}^{k}\left(\theta^{1-\eta_j}-1\right)^{\frac{\lambda_j \omega_{\varepsilon(j)}}{\sum_{j=1}^{k}\lambda_j \omega_{\varepsilon(j)}}}}{(\theta-1)^{\sum_{j=1}^{k}\frac{\lambda_j \omega_{\varepsilon(j)}}{\sum_{j=1}^{k}\lambda_j \omega_{\varepsilon(j)}}-1}}\right]\right\}\right)
\end{aligned} \tag{1-79}$$

该算子具有幂等性、交换性和单调性。

【定理 1-5】(幂等性) 令 $h_{S_O^F}^j (j=1,2,\cdots,k)$ 表示一系列 FDHHFLE,且所有 $h_{S_O^F}^j$ 相等,即 $h_{S_O^F}^j = h_{S_O^F} (j=1,2,\cdots,k)$,则有:

$$\text{FDHHFL-FHWA}\left(h_{S_O^F}^1, h_{S_O^F}^2, \cdots, h_{S_O^F}^k\right) = \text{FDHHFL-FHWA}\left(h_{S_O^F}, h_{S_O^F}, \cdots, h_{S_O^F}\right) = h_{S_O^F} \tag{1-80}$$

【定理 1-6】(交换性) 令 $h_{S_O^F}^j (j=1,2,\cdots,k)$ 表示一系列 FDHHFLE,且 $\ddot{h}_{S_O^F}^1, \ddot{h}_{S_O^F}^2, \cdots, \ddot{h}_{S_O^F}^k$ 为 $h_{S_O^F}^1, h_{S_O^F}^2, \cdots, h_{S_O^F}^k$ 的不同排序结果,则有:

$$\text{FDHHFL-FHWA}\left(h_{S_O^F}^1, h_{S_O^F}^2, \cdots, h_{S_O^F}^k\right) = \text{FDHHFL-FHWA}\left(\ddot{h}_{S_O^F}^1, \ddot{h}_{S_O^F}^2, \cdots, \ddot{h}_{S_O^F}^k\right) \tag{1-81}$$

【定义 1-24】 令 $S_O^F = \{s_{t\langle o_k^t \rangle} \mid t=-\tau,\cdots,-1,0,1,\cdots,\tau; k=-\zeta_t,\cdots,-1,0,1,\cdots,\zeta_t\}$ 为一个 FDHLTS,$h_{S_O^F}$ 为根据 S_O^F 得到的一个连续 FDHHFLE,其包络为 $[s_{t^-\langle o_{k^-}^{t^-} \rangle}, s_{t^+\langle o_{k^+}^{t^+} \rangle}]$。

因此,$h_{S_O^F}$ 的期望值可以定义为

$$E\left(h_{S_O^F}\right) = \frac{F(s_{t^+ < o_{k^+}^{t^+} >}) + F(s_{t^- < o_{k^-}^{t^-} >})}{2} \tag{1-82}$$

【定理 1-7】(单调性) 令有两个 FDHHFLE 的集合 $h=(h_{S_O^F}^1, h_{S_O^F}^2, \cdots, h_{S_O^F}^k)$ 和 $h'=(h_{S_O^F}'^1, h_{S_O^F}'^2, \cdots, h_{S_O^F}'^k)$,且 h 和 h' 的包络分别为 $[s^i_{t^- < o_{k^-}^{t^-} >}, s^i_{t^+ < o_{k^+}^{t^+} >}]$ 和 $[s'^i_{t^- < o_{k^-}^{t^-} >}, s'^i_{t^+ < o_{k^+}^{t^+} >}]$。若对于所有 $i=1,2,\cdots,k$,有 $s_{t_i^-\langle o_{k_i^-}^{t_i^-} \rangle} \geqslant s'_{t_i^-\langle o_{k_i^-}^{t_i^-} \rangle}$,$s_{t_i^+\langle o_{k_i^+}^{t_i^+} \rangle} \geqslant s'_{t_i^+\langle o_{k_i^+}^{t_i^+} \rangle}$,则

$$\text{FDHHFL-FHWA}\left(h_{S_O^F}^1, h_{S_O^F}^2, \cdots, h_{S_O^F}^k\right) \geqslant \text{FDHHFL-FHWA}\left(h_{S_O^F}'^1, h_{S_O^F}'^2, \cdots, h_{S_O^F}'^k\right) \tag{1-83}$$

本章部分图例

说明:为了方便读者直观地查看彩色图例,此处节选了书中的部分内容进行展示。页面左侧的页码,为您标注了对应内容在书中出现的位置。

第 2 章　基于模糊 Petri 网络的 FPSO 单点多管缆干涉风险分析

海上浮式生产储油卸油设备（Floating Production Storage and Offloading，FPSO）单点系泊系统水下管缆众多，如锚链、生产立管、电缆等，在作业的过程中，错综复杂的管汇容易受风浪、设备失效、海中生物扰动等因素的影响，使得管缆之间产生拉伸、缠绕、碰撞、断裂等一系列危及 FPSO 正常运作和工程安全的不良后果，不仅会威胁到船上人员的生命安全和设备的财产安全，还会影响其之后的正常运营，对其经济效益产生不利影响。需要采取合理有效的方法对 FPSO 单点系泊系统的多管缆干涉问题进行风险分析，建立相应的风险指标评价体系，为防止 FPSO 单点多管缆干涉风险的发生提供切实有效的措施与建议，从而降低管缆干涉发生的概率、避免事故的发生。

本书从环境、管缆设计、安装、设备、第三方破坏和管理六个方面对 FPSO 单点多管缆干涉的风险源进行辨识来建立模糊 Petri 网络，提出模糊推理算法并通过矩阵运算完成了对 FPSO 单点多管缆干涉的风险分析。根据分析结果，环境与设备因素是影响管缆干涉的主要风险因素，需要对其重点关注，同时，本研究还对各风险因素进行风险排序，对综合评估值较高的风险因素提出风险控制措施。

2.1　FPSO 单点多管缆干涉风险指标体系建立

2.1.1　指标体系的构建原则

为了构建逻辑严谨、层次分明的 FPSO 单点多管缆干涉风险指标体系，同时保证指标体系评价结果的科学性与合理性，在建立指标体系时需要遵循以下原则。

1. 科学性

FPSO 单点多管缆干涉风险指标的选取应具有科学性，能够充分反映被分析对象的特征，对各风险指标采取的评价方法也应合理科学，这样才能使所构建的 FPSO 单点多管缆干涉风险指标体系准确反映 FPSO 单点系泊系统水下管缆的真实情况。

2. 层次性

FPSO 单点多管缆干涉风险指标体系的构建必须具有层次性，层与层之间通过逻辑关系进行连接，层次化的结构体系有利于对 FPSO 单点多管缆干涉风险进行分级管理。

3. 代表性

风险指标的选取应具有代表性，选取与 FPSO 单点多管缆干涉风险紧密相关的指标，对于无关或影响较小的指标应不予选取。

4. 可行性

FPSO 单点多管缆干涉风险指标体系中所选取的各项风险指标的含义应清晰易懂，指标相关数据的测定方法不应过于繁杂，应能够容易获取，尽量减少获取数据的成本，提高工作效率。

2.1.2 FPSO 单点多管缆干涉风险因素识别

管缆干涉现象是指管缆在外界环境及其他因素作用下，水下形态发生变化，同时这些因素又会使管缆受到不同程度的拉伸、挤压、扭转和弯曲，并与周围其他管缆发生碰撞，甚至产生缠绕与断裂的现象。FPSO 单点系泊系统水下管缆众多，包括电缆、系泊缆绳、输油软管、海底管汇等，容易出现管缆干涉现象，因此需要对管缆干涉风险源进行识别。结合 FPSO 单点系泊系统安装、设备运行和管缆设计因素等的影响，将 FPSO 单点多管缆干涉的风险因素识别为环境因素、管缆设计因素、安装因素、设备因素、第三方破坏因素和管理因素六类。

1. 环境因素

环境因素主要是指影响 FPSO 单点多管缆干涉的环境风险，主要包括以下方面。

(1)内孤立波：内孤立波传播过程中会使海水发生强剪切流动，对管缆造成冲击并产生剪切载荷，使管缆产生大变形。

(2)台风：FPSO 受台风影响会使水下管缆产生大幅度运动，管缆间相互碰撞甚至造成断裂。

(3)地壳运动：海底地壳运动会导致海床变化，影响水下锚泊系统。

(4)冰块撞击：海上浮冰与 FPSO 产生碰撞，对 FPSO 船体及水下管缆产生冲击。

(5)波浪：波浪载荷对船体产生冲击，导致相连的水下管缆发生晃动，并影响海底管道在位稳定性。

(6)水生物扰动：海洋中大型水生物在单点系泊系统附近游动时扰动管缆。

(7)风力：风载荷作用下 FPSO 船体易产生运动，发生漂移并拉动水下管缆。

(8)海流流速：海流流速较高时，水下管缆受到的拖曳载荷增大，直接影响管缆间的相互碰撞，并使立管产生涡激振动现象。

2. 管缆设计因素

除环境因素的外部影响外，管缆自身的设计参数也会影响管缆干涉。管缆设计因素主要包括以下方面。

(1)管缆间距：管缆布置过密。

(2)管缆数量：FPSO 水下管缆数量众多。

(3)管缆布置：管缆布置方式不当，管缆之间存在相互跨越、交叉情况。

(4)管缆长度：管缆设计过长，在环境作用下产生晃动，与相邻管缆发生碰撞。

(5)管缆顶张力：管缆顶张力过小使管缆产生晃动。

(6)管缆刚度：管缆刚度不足，在海流作用下容易产生变形。

3. 安装因素

安装因素是指 FPSO 单点系泊系统在安装过程中存在的一些安装问题,会对之后 FPSO 的运行产生影响,造成管缆干涉风险。安装风险包括以下几个因素。

(1)吸力锚安装:吸力锚安装不到位影响锚链的松紧度。

(2)系泊缆松弛:系泊缆形态松弛,没有进行提拉张紧。

(3)卸扣螺栓安装:连接卸扣螺栓安装不到位,使螺栓发生转动、脱落。

(4)锚链受力不均:锚链安装时应保证受力均匀,避免出现局部应力集中问题。

(5)锁紧销安装:锁紧销安装不到位会导致锁紧装置不能正常工作。

(6)吊装不当:管缆吊装时操作不当,使管缆发生碰撞。

(7)测试不足:安装完成后测试不足。

4. 设备因素

设备因素是指 FPSO 长年系泊于海上进行作业,设备在运行过程中出现故障与损坏的风险。设备因素主要包括以下方面。

(1)系泊缆腐蚀:系泊缆出现腐蚀情况,使系泊缆强度减弱甚至失效。

(2)系泊缆疲劳:系泊缆长期受到风浪流等交变载荷作用,出现疲劳问题。

(3)锚链磨损:锚链触地段与海床接触产生摩擦,且链环间的连接部位处发生摩擦与碰撞。

(4)走锚: FPSO 运行过程中受外界条件影响,可能出现走锚现象,导致船舶拖锚位移,影响水下管缆。

(5)配重块丢失:FPSO 系泊链上的配重块丢失。

(6)连接卸扣损坏:锚链连接卸扣发生断裂使锚链失效。

(7)锁紧装置破坏:浮筒锁紧装置发生破坏使浮筒下沉。

(8)连接器损坏:连接器断裂使管缆脱落。

(9)永久系挂装置损坏:永久系挂装置包括永久系挂支撑块和支撑螺栓发生损坏会影响管缆与单点浮筒间的连接,使管缆无法正常系挂。

5. 第三方破坏因素

第三方破坏因素是指某些可能影响管缆干涉风险发生的第三方破坏风险。第三方破坏因素主要包括以下方面。

(1)穿梭油轮碰撞:穿梭油轮进行外输作业时可能会与 FPSO 发生碰撞。

(2)海上坠物:过往船只或 FPSO 上坠落物体冲击水下管缆。

(3)船舶抛锚:FPSO 附近船舶抛锚冲击管缆。

(4)辅助船碰撞:辅助船与 FPSO 发生碰撞。

(5)渔业活动:渔网等捕鱼设备冲击、缠绕管缆。

(6)水下设备碰撞:大型水下设备航行时与管缆发生碰撞。

6. 管理因素

管理因素是指管理人员疏忽或管理措施不当的风险。管理因素主要包括以下方面。

(1)维护检查措施:维护检查措施不当。

(2)人员安全意识:人员安全意识薄弱。

(3)应急处理预案:应急处理预案缺乏。

(4)监督管理手段:日常监督管理手段不当。

2.1.3 风险指标体系建立

通过上文对 FPSO 单点多管缆干涉风险因素的识别,并遵循指标体系的构建原则,建立了 FPSO 单点多管缆干涉风险指标体系。其中,一级指标有 6 个,分别是环境因素、管缆设计因素、安装因素、设备因素、第三方破坏因素和管理因素,二级指标为各一级指标下的特定风险指标,见表 2-1。

表 2-1 单点多管缆干涉风险指标

一级指标	二级指标	存在风险描述
环境因素	内孤立波	产生内孤立波
	台风	产生台风
	地壳运动	发生地壳运动
	冰块撞击	冬季海上冰块撞击
	波浪	所在海域出现大浪
	水生物扰动	出现大型水生物扰动管缆
	风力	所在海域出现大风
	海流流速	海流流速过大,扰动管缆
管缆设计因素	管缆间距	管缆间距过小,布置过密
	管缆数量	管缆数量过多
	管缆布置	管缆布置方式不当
	管缆长度	管缆设计过长
	管缆顶张力	管缆顶张力过小
	管缆刚度	管缆刚度不足
安装因素	吸力锚安装	吸力锚安装不到位
	系泊缆松弛	系泊缆形态松弛,未张紧
	卸扣螺栓安装	连接卸扣螺栓安装不到位
	锚链受力不均	锚链受力不均,出现局部应力集中
	锁紧销安装	锁紧销安装不到位
	吊装不当	管缆吊装不当,引起管缆损坏
	测试不足	安装完成后测试不足

续表

一级指标	二级指标	存在风险描述
设备因素	系泊缆腐蚀	系泊缆腐蚀严重
	系泊缆疲劳	系泊缆产生疲劳破坏
	锚链磨损	锚链过度磨损
	走锚	出现走锚情况
	配重块丢失	系泊链上配重块丢失
	连接卸扣损坏	连接卸扣发生损坏情况
	锁紧装置破坏	浮筒锁紧装置出现破坏情况
	连接器损坏	连接器发生损坏情况
	永久系挂装置损坏	永久系挂装置发生损坏情况
第三方破坏因素	穿梭油轮碰撞	穿梭油轮与 FPSO 发生碰撞
	海上坠物	出现海上坠物，干扰管缆
	船舶抛锚	船舶抛锚影响管缆
	辅助船碰撞	辅助船碰撞 FPSO
	渔业活动	渔网等捕鱼设备冲击、缠绕管缆
	水下设备碰撞	大型水下设备航行碰撞管缆
管理因素	维护检查措施	维护检查措施不当
	人员安全意识	人员安全意识薄弱
	应急处理预案	应急处理预案缺乏
	监督管理手段	监管不当

2.2　FPSO 单点多管缆干涉风险模糊 Petri 网络建立

2.2.1　模糊 Petri 网定义

FPSO 单点多管缆干涉风险模糊 Petri 网可用一个十元组来表示：

$$\text{FPN}=(P,T,D,\boldsymbol{I},\boldsymbol{O},\boldsymbol{U}(t_j),\boldsymbol{\alpha}(p_i),R,\boldsymbol{M},\boldsymbol{\lambda})$$

其中，FPN——模糊 Petri 网络（Fuzzy Petri Net）；P 为库所集，表示 FPSO 单点多管缆干涉风险因素集合，$P=\{P_1,P_2,\cdots,P_i,\cdots,P_n\}$，$P_i(1\leqslant i\leqslant n)$ 表示第 i 个风险因素；T 为变迁集，表示 FPSO 单点多管缆干涉风险因素发生过程的集合，$T=\{t_1,t_2,\cdots,t_j,\cdots,t_m\}$，$t_j(1\leqslant j\leqslant m)$ 表示第 j 个风险因素发生的过程；D 为命题集合，$D=\{d_1,d_2,\cdots,d_n\}$，与风险因素 P_i 相对应，$|P|=|D|$；$\boldsymbol{I}$ 为输入矩阵，$\boldsymbol{I}=(\delta_{ij})$，$\delta_{ij}\in[0,1]$，当库所 P_i 是变迁 t_j 的输入库所时，$\delta_{ij}=1$，否则 $\delta_{ij}=0$；$\boldsymbol{O}$ 为输出矩阵，$\boldsymbol{O}=(\gamma_{ij})$，$\gamma_{ij}\in[0,1]$，当库所 P_i 是变迁 t_j 的输出库所时，$\gamma_{ij}=1$，否则 $\gamma_{ij}=0$；$\boldsymbol{U}$ 为变迁置信度矩阵，$\boldsymbol{U}(t_j)=(\mu_{ij})$，$\mu_{ij}$ 表示对于输出库所 P_i、变迁 t_j 的模糊推理规则的置信度，表示风险发展的可能，$\mu_{ij}\in[0,1]$；$\boldsymbol{\alpha}$ 为库所可信度矩阵，$\boldsymbol{\alpha}(p_i)=(w_i)$，$w_i$ 为库所 P_i 存在风险的

可信度，表示 FPSO 单点多管缆干涉风险指标对应的风险事件发生的概率，$w_i \in [0,1]$；R 为库所到对应命题的映射，$R: P \to D$；$\boldsymbol{M}$ 为 $n \times q$ 阶的状态矩阵，其中 $\boldsymbol{M}(0)$ 为初始状态矩阵，元素 $m_{ij}^0 \in [0,1]$ 表示库所 P_i 在 j 等级的隶属度，$\boldsymbol{M}(k)$ 为迭代 k 次后的状态评估矩阵；$\boldsymbol{\lambda}$ 为风险等级阈值矩阵，$\boldsymbol{\lambda} = (\lambda_1, \lambda_2, \cdots, \lambda_n)$。

2.2.2 模糊 Petri 网络模型

根据上述定义及所构建的风险指标体系，将指标体系中的各级指标转换为 Petri 网络中的库所，建立模糊 Petri 网模型如图 2-1 所示，对应的库所名见表 2-2。

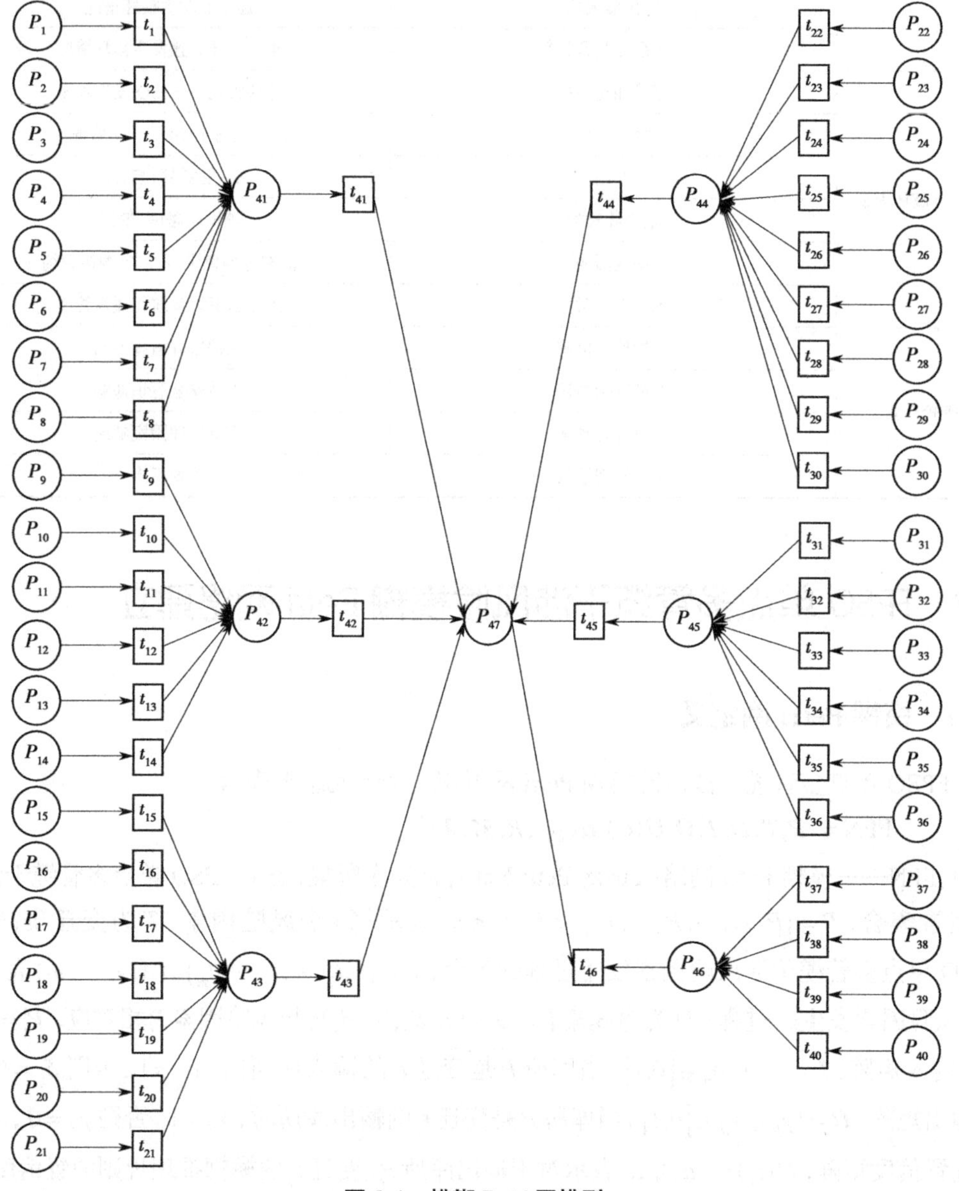

图 2-1 模糊 Petri 网模型

表 2-2　风险指标对应库所

风险指标	对应库所	风险指标	对应库所
内孤立波	P_1	走锚	P_{25}
台风	P_2	配重块丢失	P_{26}
地壳运动	P_3	连接卸扣损坏	P_{27}
冰块撞击	P_4	锁紧装置破坏	P_{28}
波浪	P_5	连接器损坏	P_{29}
水生物扰动	P_6	永久系挂装置损坏	P_{30}
风力	P_7	穿梭油轮碰撞	P_{31}
海流流速	P_8	海上坠物	P_{32}
管缆间距	P_9	船舶抛锚	P_{33}
管缆数量	P_{10}	辅助船碰撞	P_{34}
管缆布置	P_{11}	渔业活动	P_{35}
管缆长度	P_{12}	水下设备碰撞	P_{36}
管缆顶张力	P_{13}	维护检查措施	P_{37}
管缆刚度	P_{14}	人员安全意识	P_{38}
吸力锚安装	P_{15}	应急处理预案	P_{39}
系泊缆松弛	P_{16}	监督管理手段	P_{40}
卸扣螺栓安装	P_{17}	环境因素	P_{41}
锚链受力不均	P_{18}	管缆设计因素	P_{42}
锁紧销安装	P_{19}	安装因素	P_{43}
吊装不当	P_{20}	设备因素	P_{44}
测试不足	P_{21}	第三方破坏因素	P_{45}
系泊缆腐蚀	P_{22}	管理因素	P_{46}
系泊缆疲劳	P_{23}	FPSO 单点多管缆干涉风险	P_{47}
锚链磨损	P_{24}	—	—

2.3　模糊 Petri 网络推理算法

2.3.1　评价语言收集

2.3.1.1　模糊置信结构

模糊 Petri 网络推理算法基于库所可信度和变迁置信度进行推理分析，因此首先需要定义标准语言评价集，便于专家后续进行语言评价。

本书将库所可信度和变迁置信度分为五个模糊评价等级，$H=\{H_{11},H_{22},H_{33},H_{44},H_{55}\}$，表示“极低”“低”“中等”“高”和“极高”，在论域 [0,1] 内进行划分，模糊语言集见表 2-3。但考虑到传统模糊语言评价无法跨越多个等级进行评价，如当专家认为指标的评价等级处于“低”到“中等”之间时，传统模糊语言评价无法进行表示。故提出三种形式的模糊置信结构来表示专家主观评价以提高评价准确性。

（1）独立式：置信结构形式为 $\{(H_{ii},1.0), i=1,2,3,4,5\}$，表示指标模糊评价等级为 H_{ii}，隶属度为1.0。

（2）区间式：置信结构形式为 $\{(H_{ij},1.0), i=1,2,3,4, j=i+1,\cdots,5\}$，表示指标模糊评价等级在 H_{ii} 到 H_{jj} 之间，其对应的梯形模糊数为 H_{ii} 与 H_{jj} 所对应的梯形模糊数的综合。

（3）分布式：置信结构形式为 $\{(H_{ii},\gamma_{ii}), i=1,2,3,4,5\}$，$\gamma_{ii}$ 表示模糊评价等级 H_{ii} 的隶属度，$\sum_{i=1}^{5}\gamma_{ii}=1$。

表 2-3 模糊语言集

评价等级	类别	梯形模糊数
1	极低	（0.0,0.0,0.1,0.2）
2	低	（0.1,0.2,0.3,0.4）
3	中等	（0.3,0.4,0.6,0.7）
4	高	（0.6,0.7,0.8,0.9）
5	极高	（0.8,0.9,1.0,1.0）

2.3.1.2 专家评价与聚合

1. 库所可信度的获取

库所可信度即库所存在风险的可信度，用于表征风险因素发生的可能性。对于库所 P_n，令专家 Z_m（m=1, 2, …, M）以三种形式的模糊置信结构进行评价，得到专家 Z_m 的评价

$$G_n^m=\{H_{ij},\gamma_{ij}^m(P_n), i、j=1,2,3,4,5, i\leqslant j\} \tag{2-1}$$

其中，$\gamma_{ij}^m(P_n)$ 为专家 Z_m 的评价语言中等级 H_{ij} 的隶属度。

在得到所有专家对各底层库所可信度的评价语言后，需要结合专家各自的权重对所有评价语言进行加权综合，形成一个综合置信结构。结合专家权重 β_m（m=1, 2, …, M）将 M 位专家的评价结果进行加权综合，综合置信结构表示为

$$G_n=\{H_{ij},\gamma_{ij}(P_n), i、j=1,2,3,4,5, i\leqslant j\} \tag{2-2}$$

其中，$\gamma_{ij}(P_n)$ 为综合隶属度，是 G_n^m（m=1, 2, …, M）中对应于等级 H_{ij} 的各隶属度的加权和，可由下式获得：

$$\gamma_{ij}(P_n)=\sum_{m=1}^{M}[\beta_m\gamma_{ij}^m(P_n)] \tag{2-3}$$

之后将综合置信结构转换成梯形模糊数 $R=(R_1,R_2,R_3,R_4)$，其标度值 $R_k(k=1,2,3,4)$ 可由下式取得：

$$R_k=\sum_{i=1}^{5}\sum_{j=i}^{5}[r_k(H_{ij})\times\gamma_{ij}(P_n)]\quad k=1,2,3,4 \tag{2-4}$$

其中，$r_k(H_{ij})$为等级H_{ij}对应的梯形模糊数的四个标度值。

最后由重心法将 R 去模糊化，可得到库所 P_n 的可信度

$$X=\int f(x)x\mathrm{d}x/(\int f(x)\mathrm{d}x) \tag{2-5}$$

2. 变迁置信度的获取

在本研究中，将变迁的置信度表示为风险事件发展的可能性，变迁的激发表示上一级风险事件发生并进一步发展为下一级风险。

结合 FPSO 单点多管缆干涉风险模糊 Petri 网模型与产生式"或"规则，用命题 $d_1\sim d_{40}$ 分别表示规则的前提条件，$d_{41}\sim d_{47}$ 表示目标状态，可建立如下模糊产生式规则。

（1）如果 $d_1(w_1)$ 或 $d_2(w_2)$ 或 $d_3(w_3)$ 或 $d_4(w_4)$ 或 $d_5(w_5)$ 或 $d_6(w_6)$ 或 $d_7(w_7)$ 或 $d_8(w_8)$ 命题成立，那么 $d_{41}(w_{41})$ 命题成立，$CF=(\mu_1,\mu_2,\mu_3,\mu_4,\mu_5,\mu_6,\mu_7,\mu_8)$。其中，$d_1$ 表示内孤立波；d_2 表示台风；d_3 表示地壳运动；d_4 表示冰块撞击；d_5 表示波浪；d_6 表示水生物扰动；d_7 表示风力；d_8 表示海流流速；d_{41} 表示环境因素命题。

（2）如果 $d_9(w_9)$ 或 $d_{10}(w_{10})$ 或 $d_{11}(w_{11})$ 或 $d_{12}(w_{12})$ 或 $d_{13}(w_{13})$ 或 $d_{14}(w_{14})$ 命题成立，那么 $d_{42}(w_{42})$ 命题成立，$CF=(\mu_9,\mu_{10},\mu_{11},\mu_{12},\mu_{13},\mu_{14})$。其中，$d_9$ 表示管缆间距；d_{10} 表示管缆数量；d_{11} 表示管缆布置；d_{12} 表示管缆长度；d_{13} 表示管缆顶张力；d_{14} 表示管缆刚度；d_{42} 表示管缆设计因素命题。

（3）如果 $d_{15}(w_{15})$ 或 $d_{16}(w_{16})$ 或 $d_{17}(w_{17})$ 或 $d_{18}(w_{18})$ 或 $d_{19}(w_{19})$ 或 $d_{20}(w_{20})$ 或 $d_{21}(w_{21})$ 命题成立，那么 $d_{43}(w_{43})$ 命题成立，$CF=(\mu_{15},\mu_{16},\mu_{17},\mu_{18},\mu_{19},\mu_{20},\mu_{21})$。其中，$d_{15}$ 表示吸力锚安装；d_{16} 表示系泊缆松弛；d_{17} 表示卸扣螺栓安装；d_{18} 表示锚链受力不均；d_{19} 表示锁紧销安装；d_{20} 表示吊装不当；d_{21} 表示测试不足；d_{43} 表示安装因素命题。

（4）如果 $d_{22}(w_{22})$ 或 $d_{23}(w_{23})$ 或 $d_{24}(w_{24})$ 或 $d_{25}(w_{25})$ 或 $d_{26}(w_{26})$ 或 $d_{27}(w_{27})$ 或 $d_{28}(w_{28})$ 或 $d_{29}(w_{29})$ 或 $d_{30}(w_{30})$ 命题成立，那么 $d_{44}(w_{44})$ 命题成立，$CF=(\mu_{22},\mu_{23},\mu_{24},\mu_{25},\mu_{26},\mu_{27},\mu_{28},\mu_{29},\mu_{30})$。其中，$d_{22}$ 表示系泊缆腐蚀；d_{23} 表示系泊缆疲劳；d_{24} 表示锚链磨损；d_{25} 表示走锚；d_{26} 表示配重块丢失；d_{27} 表示连接卸扣损坏；d_{28} 表示锁紧装置破坏；d_{29} 表示连接器损坏；d_{30} 表示永久系挂装置损坏；d_{44} 表示设备因素命题。

（5）如果 $d_{31}(w_{31})$ 或 $d_{32}(w_{32})$ 或 $d_{33}(w_{33})$ 或 $d_{34}(w_{34})$ 或 $d_{35}(w_{35})$ 或 $d_{36}(w_{36})$ 命题成立，那么 $d_{45}(w_{45})$ 命题成立，$CF=(\mu_{31},\mu_{32},\mu_{33},\mu_{34},\mu_{35},\mu_{36})$。其中，$d_{31}$ 表示穿梭油轮碰撞；d_{32} 表示海上坠物；d_{33} 表示船舶抛锚；d_{34} 表示辅助船碰撞；d_{35} 表示渔业活动；d_{36} 表示水下设备碰撞；d_{45} 表示第三方破坏因素命题。

（6）如果 $d_{37}(w_{37})$ 或 $d_{38}(w_{38})$ 或 $d_{39}(w_{39})$ 或 $d_{40}(w_{40})$ 命题成立，那么 $d_{46}(w_{46})$ 命题成立，$CF=(\mu_{37},\mu_{38},\mu_{39},\mu_{40})$。其中，$d_{37}$ 表示维护检查措施；d_{38} 表示人员安全意识；d_{39} 表示应急处理预案；d_{40} 表示监督管理手段；d_{46} 表示管理因素命题。

（7）如果$d_{41}(w_{41})$或$d_{42}(w_{42})$或$d_{43}(w_{43})$或$d_{44}(w_{44})$或$d_{45}(w_{45})$或$d_{46}(w_{46})$命题成立，那么$d_{47}(w_{47})$命题成立，$CF=(\mu_{41},\mu_{42},\mu_{43},\mu_{44},\mu_{45},\mu_{46})$。其中，$d_{41}$表示环境因素命题；$d_{42}$表示管缆设计因素命题；$d_{43}$表示安装因素命题；$d_{44}$表示设备因素命题；$d_{45}$表示第三方破坏因素命题；$d_{46}$表示管理因素命题；$d_{47}$表示 FPSO 单点多管缆干涉风险总体评估结果。

上述模糊产生式规则中的规则置信度μ即为变迁的置信度，与库所可信度获取方法类似，通过邀请海洋石油工程相关领域的专家以独立式评价语言H_{ii}对风险因素发展可能性，即变迁置信度进行评估，由式（2-1）至式（2-5）得到变迁置信度的评估值。

2.3.2 算法推理

利用模糊 Petri 网的并行计算能力和矩阵运算能力，提出了库所可信度和状态矩阵推理算法，来迭代求解库所可信度与风险等级评估值，完成综合风险分析。

2.3.2.1 库所可信度推理算法

库所可信度推理算法基于产生式“或”规则计算原理，具体推理步骤如下。

第一步：定义两个推理算子。

（1）$\bullet$：$\boldsymbol{A}\bullet\boldsymbol{B}=\boldsymbol{C}$。其中，$\boldsymbol{A}$为$n\times p$维矩阵；$\boldsymbol{B}$为$p\times m$维矩阵；$\boldsymbol{C}$为$n\times m$维矩阵，$c_{ij}=\max\limits_{1\leqslant k\leqslant p}(a_{ik}\times b_{kj})$。

（2）$\oplus$：$\boldsymbol{A}\oplus\boldsymbol{B}=\boldsymbol{C}$。其中，$c_{ij}=\max(a_{ij},b_{ij})$，（$i$=1，2，…，$n$，$j$=1，2，…，$m$）。

第二步：令迭代次数k=0，并确定初始库所可信度矩阵$\boldsymbol{\alpha}(0)$、变迁置信度矩阵$\boldsymbol{U}$和权值矩阵$\boldsymbol{W}$。其中，$\boldsymbol{\alpha}(0)$为$n\times 1$维矩阵；$\boldsymbol{U}$为$n\times m$维矩阵，初始库所可信度和变迁置信度令专家以模糊置信结构对指标进行评价后由式（2-1）至式（2-5）计算获得；$\boldsymbol{W}$为$n\times m$维矩阵，元素W_{ij}表示库所P_i对于变迁t_j的权值，因采用产生式“或”规则，若P_i是t_j的输入库所，W_{ij}为 1，否则为 0。

第三步：计算等效模糊真值向量。

$$\boldsymbol{E}(k+1)=\boldsymbol{W}^{\mathrm{T}}\times\boldsymbol{\alpha}(k) \tag{2-6}$$

第四步：计算新的库所可信度矩阵。

$$\boldsymbol{\alpha}(k+1)=\boldsymbol{\alpha}(k)\oplus[\boldsymbol{U}\bullet\boldsymbol{E}(k+1)] \tag{2-7}$$

若$\boldsymbol{\alpha}(k+1)=\boldsymbol{\alpha}(k)$，则迭代结束，输出最终库所可信度矩阵；否则令$k$=$k$+1，重复第三步。

2.3.2.2 状态矩阵推理算法

第一步：定义两个推理算子。

（1）$\otimes$：$\boldsymbol{D}\otimes\boldsymbol{B}=\boldsymbol{C}$。其中，$\boldsymbol{B}$、$\boldsymbol{C}$为$n\times m$维矩阵；$\boldsymbol{D}$为$1\times n$维矩阵，$c_{ij}=d_i\times b_{ij}$。

（2）$\oplus$：$\boldsymbol{A}\oplus\boldsymbol{B}=\boldsymbol{C}$。其中，$\boldsymbol{A}$、$\boldsymbol{B}$、$\boldsymbol{C}$为$n\times m$维矩阵，$c_{ij}=\max(a_{ij},b_{ij})$，（$i$=1，2，…，$n$，$j$=1，2，…，$m$）。

第二步：令k=0，并确定初始数据，包括初始状态矩阵$\boldsymbol{M}(0)$、输入矩阵$\boldsymbol{I}$、输出矩阵$\boldsymbol{O}$、权重向量$\boldsymbol{V}$、风险等级阈值向量$\boldsymbol{\lambda}$与风险等级向量$\boldsymbol{Q}$。

第三步：计算库所风险等级评估值 $\boldsymbol{M}(k)\boldsymbol{Q}^{\mathrm{T}}$，并与风险等级阈值进行比较。

$$\boldsymbol{Y}=(Y_i)=\boldsymbol{M}(k)\boldsymbol{Q}^{\mathrm{T}}-\boldsymbol{\lambda}^{\mathrm{T}} \tag{2-8}$$

第四步：求比较向量 $\boldsymbol{E}$。

$$E_i=\begin{cases}0 & Y_i<0\\ 1 & Y_i\geqslant 0\end{cases} \tag{2-9}$$

第五步：令 $\boldsymbol{M}(k)=\boldsymbol{E}\otimes\boldsymbol{M}(k)$，即将原先的状态矩阵中的风险评估值小于阈值的库所状态归零，筛选出风险等级较高的风险因素，得到新的状态矩阵。

第六步：进行迭代，计算变迁发生后的下一个状态，计算 $\boldsymbol{M}(k+1)$。

$$\boldsymbol{M}(k+1)=\boldsymbol{M}(k)\oplus(\boldsymbol{V}\otimes\boldsymbol{O})[\boldsymbol{I}^{\mathrm{T}}\boldsymbol{M}(k)] \tag{2-10}$$

第七步：判断 $\boldsymbol{M}(k+1)$ 与 $\boldsymbol{M}(k)$ 是否相等，若 $\boldsymbol{M}(k+1)=\boldsymbol{M}(k)$，则迭代结束，$\boldsymbol{M}(k+1)$ 为最终状态；若 $\boldsymbol{M}(k+1)\neq\boldsymbol{M}(k)$，回到第三步进行计算，直到相等为止。

第八步：计算各库所事件的风险等级评估值。

$$\boldsymbol{S}=\boldsymbol{M}(k)\boldsymbol{Q}^{\mathrm{T}} \tag{2-11}$$

其中，$\boldsymbol{S}$ 的最后一个数就是最终风险事件的评估值，记为 s_{c}。

第九步：计算最终风险事件的综合评估值。

$$f=w_{\mathrm{c}}\times s_{\mathrm{c}} \tag{2-12}$$

其中，w_{c} 为最终库所的可信度，最终风险事件的综合评估值由相应的风险等级评估值与其可信度相乘求得。

2.4　实例研究

2.4.1　方法实施过程

现以某内转塔式 FPSO 单点系泊系统为例对提出的方法进行说明。通过邀请 10 名海洋石油工程领域的专家组成专家组对风险因素进行评价来实现模糊 Petri 网络风险分析。

2.4.1.1　初始数据获取

1. 风险因素权重获取

风险因素的权重采用层次分析法来获取，令专家分别对环境因素、管缆设计因素、安装因素、设备因素、第三方破坏因素和管理因素这 6 个一级指标下的各项风险因素重要程度进行两两比较来得到判断矩阵，通过层次分析法的相关计算步骤得到风险因素权重。

以环境因素下的风险因素 $P_1\sim P_8$ 为例进行说明。

首先，通过两两比较建立判断矩阵：

$$A=\begin{pmatrix} 1 & \frac{1}{2} & 3 & 5 & 2 & 4 & 2 & \frac{1}{2} \\ 2 & 1 & 4 & 5 & 3 & 5 & 3 & 2 \\ \frac{1}{3} & \frac{1}{4} & 1 & 2 & \frac{1}{2} & 2 & \frac{1}{2} & \frac{1}{4} \\ \frac{1}{5} & \frac{1}{5} & \frac{1}{2} & 1 & \frac{1}{3} & \frac{1}{2} & \frac{1}{3} & \frac{1}{4} \\ \frac{1}{2} & \frac{1}{3} & 2 & 3 & 1 & 3 & 1 & \frac{1}{2} \\ \frac{1}{4} & \frac{1}{5} & \frac{1}{2} & 2 & \frac{1}{3} & 1 & \frac{1}{3} & \frac{1}{4} \\ \frac{1}{2} & \frac{1}{3} & 2 & 3 & 1 & 3 & 1 & \frac{1}{2} \\ 2 & \frac{1}{2} & 4 & 4 & 2 & 4 & 2 & 1 \end{pmatrix} \tag{2-13}$$

其次，采用层次分析法的方根法求取风险因素权重。

（1）计算判断矩阵每一行的乘积：

$$q_i=\prod_{j=1}^{n} a_{ij} \tag{2-14}$$

（2）计算 q_i 的 n 次方根：

$$m_i=\sqrt[n]{q_i} \tag{2-15}$$

（3）将 $(m_1,m_2,\cdots,m_n)$ 归一化：

$$\omega_i=\frac{m_i}{\sum_{i=1}^{n} m_i} \tag{2-16}$$

即可得到特征向量 $\boldsymbol{\omega}=(\omega_1,\omega_2,\cdots,\omega_n)^{\mathrm{T}}$，$\omega_i$ 即为第 i 个风险因素的权重。

（4）求特征向量对应的最大特征值：

$$\lambda_{\max}=\frac{1}{n}\sum_{i=1}^{n}\frac{(\boldsymbol{A\omega})_i}{\omega_i} \tag{2-17}$$

由式（2-14）至式（2-16）计算得到环境因素下 8 个风险因素的权重向量

$$\boldsymbol{\omega}=(0.167\,3,0.279\,1,0.061\,8,0.036\,0,0.105\,5,0.044\,1,0.105\,5,0.200\,6)^{\mathrm{T}}$$

最后，进行一致性检验。

（1）计算一致性指标 CI：

$$CI=\frac{\lambda_{\max}-n}{n-1} \tag{2-18}$$

（2）计算随机一致性比率 CR：

$$CR=\frac{CI}{RI} \tag{2-19}$$

当 $CR<0.10$ 时，即认为满足一致性检验。其中 RI 通过查表 2-4 取得。

通过一致性检验，得到最大特征值 λ_{max} 为 8.198 2，则一致性指标 $CI = 0.0283$，随机一致性比率 $CR = 0.02 < 0.10$，满足一致性检验要求。

表 2-4　RI 取值

阶数	1	2	3	4	5	6	7	8	9
RI	0.00	0.00	0.58	0.90	1.12	1.24	1.32	1.41	1.45

通过层次分析法逐级计算风险因素的权重，得到各级风险因素的权重见表 2-5。

表 2-5　风险因素权重

库所	权重	库所	权重
P_1	0.167 3	P_{24}	0.076 8
P_2	0.279 1	P_{25}	0.042 9
P_3	0.061 8	P_{26}	0.058 0
P_4	0.036 0	P_{27}	0.113 1
P_5	0.105 5	P_{28}	0.206 5
P_6	0.044 1	P_{29}	0.157 5
P_7	0.105 5	P_{30}	0.116 8
P_8	0.200 6	P_{31}	0.345 0
P_9	0.332 4	P_{32}	0.068 7
P_{10}	0.210 0	P_{33}	0.106 3
P_{11}	0.182 5	P_{34}	0.267 2
P_{12}	0.076 6	P_{35}	0.041 0
P_{13}	0.108 4	P_{36}	0.171 7
P_{14}	0.090 1	P_{37}	0.161 3
P_{15}	0.180 7	P_{38}	0.270 1
P_{16}	0.090 5	P_{39}	0.143 8
P_{17}	0.109 6	P_{40}	0.424 9
P_{18}	0.054 4	P_{41}	0.266 0
P_{19}	0.263 3	P_{42}	0.201 5
P_{20}	0.093 7	P_{43}	0.125 9
P_{21}	0.207 8	P_{44}	0.232 8
P_{22}	0.123 9	P_{45}	0.057 5
P_{23}	0.104 6	P_{46}	0.116 4

2. 库所可信度获取

库所可信度用于表征风险因素发生的可能性，在进行库所可信度推理前，需要获取各底层库所的可信度。令10位专家以独立式评价语言H_{ii}、区间式评价语言H_{ij}和分布式评价语言(H_{ii},γ_{ii})三种形式对各库所的可信度进行评价。每位专家的权重相同,均为0.1。

以风险因素“内孤立波”为例,对库所可信度获取过程进行说明。

首先,获得专家Z_m的评价语言$G_n^m=\left\{H_{ij},\gamma_{ij}^m(P_n),i、j=1,2,3,4,5,i\leqslant j\right\}$，10位专家对$P_1$“内孤立波”的评价语言见表2-6。

表2-6 “内孤立波”评价语言

专家	1	2	3	4	5	6	7	8	9	10
P_1	H_{44}	H_{33}	H_{44}	H_{55}	H_{33}	$H_{33},0.3$ $H_{44},0.7$	H_{33}	H_{44}	H_{44}	H_{44}

在得到十位专家对各底层库所可信度的评价语言后,需要结合专家权重对所有评价语言进行加权综合,形成一个综合置信结构。

以“内孤立波”为例,将评价语言通过式(2-2)与式(2-3)进行综合:

$$\gamma_{33}(P_1)=0.1\times1+0.1\times1+0.1\times0.3+0.1\times1=0.33$$

$$\gamma_{44}(P_1)=0.1\times1+0.1\times1+0.1\times0.7+0.1\times1+0.1\times1+0.1\times1=0.57$$

$$\gamma_{55}(P_1)=0.1\times1=0.1$$

则综合语言评价为$(H_{33},0.33;H_{44},0.57;H_{55},0.1)$。将其转换成梯形模糊数。

由式(2-4)得到梯形模糊数的四个标度值分别为

$$R_1=0.3\times0.33+0.6\times0.57+0.8\times0.1=0.521$$

$$R_2=0.4\times0.33+0.7\times0.57+0.9\times0.1=0.621$$

$$R_3=0.6\times0.33+0.8\times0.57+1\times0.1=0.754$$

$$R_4=0.7\times0.33+0.9\times0.57+1\times0.1=0.844$$

即“内孤立波”的综合模糊数为(0.521,0.621,0.754,0.844),由重心法将其去模糊化:

$$X=\int f(x)x\mathrm{d}x\bigg/\left(\int f(x)\mathrm{d}x\right)=0.685$$

由式(2-5)得到梯形重心的x坐标为0.685,即库所可信度。如图2-2所示为综合模糊数及其重心坐标。由以上步骤依次对$P_1\sim P_{40}$库所进行计算,结果见表2-7。

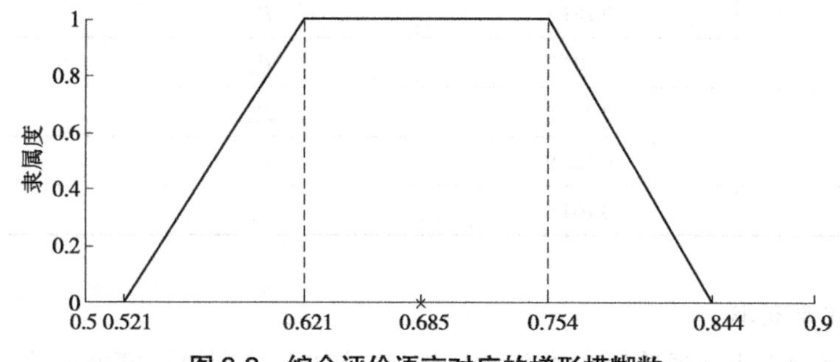

图2-2 综合评价语言对应的梯形模糊数

表 2-7　各底层库所综合评价语言及可信度

库所	综合评价语言	可信度	库所	综合评价语言	可信度
P_1	$(H_{33},0.33;H_{44},0.57;H_{55},0.1)$	0.685	P_{21}	$(H_{22},0.76;H_{33},0.24)$	0.310
P_2	$(H_{22},0.21;H_{23},0.1;H_{33},0.69)$	0.438	P_{22}	$(H_{34},0.1;H_{44},0.7;H_{55},0.2)$	0.769
P_3	$(H_{11},0.2;H_{22},0.5;H_{33},0.3)$	0.291	P_{23}	$(H_{33},0.1;H_{44},0.8;H_{55},0.1)$	0.742
P_4	$(H_{11},0.11;H_{22},0.69;H_{33},0.2)$	0.281	P_{24}	$(H_{44},0.84;H_{55},0.16)$	0.777
P_5	$(H_{44},0.5;H_{45},0.1;H_{55},0.4)$	0.826	P_{25}	$(H_{22},0.26;H_{33},0.54;H_{44},0.2)$	0.485
P_6	$(H_{33},0.82;H_{44},0.18)$	0.545	P_{26}	$(H_{33},0.51;H_{44},0.49)$	0.623
P_7	$(H_{44},0.41;H_{55},0.59)$	0.851	P_{27}	$(H_{22},0.07;H_{23},0.1;H_{33},0.83)$	0.473
P_8	$(H_{44},0.6;H_{45},0.2;H_{55},0.2)$	0.799	P_{28}	$(H_{33},0.78;H_{34},0.1;H_{44},0.12)$	0.540
P_9	$(H_{22},0.04;H_{33},0.96)$	0.490	P_{29}	$(H_{33},0.73;H_{44},0.27)$	0.568
P_{10}	$(H_{22},0.21;H_{23},0.2;H_{33},0.59)$	0.428	P_{30}	$(H_{22},0.3;H_{33},0.7)$	0.425
P_{11}	$(H_{22},0.86;H_{33},0.14)$	0.285	P_{31}	$(H_{11},0.16;H_{22},0.84)$	0.223
P_{12}	$(H_{22},0.45;H_{33},0.55)$	0.388	P_{32}	$(H_{22},0.4;H_{33},0.4;H_{44},0.2)$	0.450
P_{13}	$(H_{22},0.8;H_{33},0.2)$	0.300	P_{33}	$(H_{22},0.56;H_{23},0.1;H_{33},0.34)$	0.350
P_{14}	$(H_{22},0.64;H_{23},0.2;H_{33},0.16)$	0.320	P_{34}	$(H_{11},0.2;H_{22},0.8)$	0.216
P_{15}	$(H_{22},0.87;H_{33},0.13)$	0.283	P_{35}	$(H_{22},0.6;H_{23},0.1;H_{33},0.3)$	0.340
P_{16}	$(H_{22},0.43;H_{33},0.37;H_{44},0.2)$	0.443	P_{36}	$(H_{11},0.04;H_{22},0.76;H_{33},0.2)$	0.293
P_{17}	$(H_{22},0.63;H_{23},0.2;H_{33},0.17)$	0.323	P_{37}	$(H_{22},0.3;H_{23},0.2;H_{33},0.5)$	0.405
P_{18}	$(H_{22},0.61;H_{23},0.1;H_{33},0.29)$	0.338	P_{38}	$(H_{22},0.27;H_{23},0.2;H_{33},0.53)$	0.413
P_{19}	$(H_{22},0.9;H_{33},0.1)$	0.275	P_{39}	$(H_{11},0.1;H_{22},0.7;H_{33},0.2)$	0.283
P_{20}	$(H_{22},0.77;H_{33},0.23)$	0.308	P_{40}	$(H_{22},0.53;H_{33},0.47)$	0.368

3. 变迁置信度获取

变迁置信度的获取与库所可信度类似，得到变迁 $t_1 \sim t_{46}$ 的置信度见表 2-8。

表 2-8　变迁 $t_1 \sim t_{46}$ 的置信度

变迁	综合评价语言	置信度	变迁	综合评价语言	置信度
t_1	$(H_{33},0.2;H_{44},0.3;H_{55},0.5)$	0.786	t_{24}	$(H_{44},0.3;H_{55},0.7)$	0.870
t_2	$(H_{55},1.0)$	0.922	t_{25}	$(H_{33},0.3;H_{44},0.6;H_{55},0.1)$	0.692
t_3	$(H_{44},0.1;H_{55},0.9)$	0.905	t_{26}	$(H_{33},0.2;H_{44},0.3;H_{55},0.5)$	0.786
t_4	$(H_{44},0.3;H_{55},0.7)$	0.870	t_{27}	$(H_{44},0.3;H_{55},0.7)$	0.870
t_5	$(H_{44},0.5;H_{55},0.5)$	0.836	t_{28}	$(H_{44},0.2;H_{55},0.8)$	0.888
t_6	$(H_{22},0.1;H_{33},0.6;H_{44},0.3)$	0.550	t_{29}	$(H_{44},0.1;H_{55},0.9)$	0.905
t_7	$(H_{44},0.4;H_{55},0.6)$	0.853	t_{30}	$(H_{44},0.2;H_{55},0.8)$	0.888
t_8	$(H_{44},0.5;H_{55},0.5)$	0.836	t_{31}	$(H_{55},1.0)$	0.922
t_9	$(H_{44},0.2;H_{55},0.8)$	0.888	t_{32}	$(H_{22},0.2;H_{33},0.5;H_{44},0.3)$	0.525

续表

变迁	综合评价语言	置信度	变迁	综合评价语言	置信度
t_{10}	$(H_{44},0.3;H_{55},0.7)$	0.870	t_{33}	$(H_{33},0.5;H_{44},0.4;H_{55},0.1)$	0.642
t_{11}	$(H_{33},0.2;H_{44},0.4;H_{55},0.4)$	0.769	t_{34}	$(H_{55},1.0)$	0.922
t_{12}	$(H_{33},0.2;H_{44},0.6;H_{55},0.2)$	0.734	t_{35}	$(H_{22},0.4;H_{33},0.4;H_{44},0.2)$	0.450
t_{13}	$(H_{44},0.8;H_{55},0.2)$	0.784	t_{36}	$(H_{44},0.4;H_{55},0.6)$	0.853
t_{14}	$(H_{44},0.7;H_{55},0.3)$	0.801	t_{37}	$(H_{44},0.1;H_{55},0.9)$	0.905
t_{15}	$(H_{44},0.1;H_{55},0.9)$	0.905	t_{38}	$(H_{33},0.2;H_{44},0.5;H_{55},0.3)$	0.752
t_{16}	$(H_{44},0.5;H_{55},0.5)$	0.836	t_{39}	$(H_{44},0.3;H_{55},0.7)$	0.870
t_{17}	$(H_{44},0.3;H_{55},0.7)$	0.870	t_{40}	$(H_{44},0.1;H_{55},0.9)$	0.905
t_{18}	$(H_{33},0.3;H_{44},0.6;H_{55},0.1)$	0.692	t_{41}	$(H_{44},0.2;H_{55},0.8)$	0.888
t_{19}	$(H_{44},0.1;H_{55},0.9)$	0.905	t_{42}	$(H_{44},0.4;H_{55},0.6)$	0.853
t_{20}	$(H_{44},0.4;H_{55},0.6)$	0.853	t_{43}	$(H_{33},0.2;H_{44},0.6;H_{55},0.2)$	0.734
t_{21}	$(H_{44},0.2;H_{55},0.8)$	0.888	t_{44}	$(H_{44},0.2;H_{55},0.8)$	0.888
t_{22}	$(H_{44},0.1;H_{55},0.9)$	0.905	t_{45}	$(H_{44},0.7;H_{55},0.3)$	0.801
t_{23}	$(H_{44},0.3;H_{55},0.7)$	0.870	t_{46}	$(H_{33},0.3;H_{44},0.4;H_{55},0.3)$	0.727

4. 初始状态矩阵获取

本研究按照海洋工程风险的严重程度将FPSO单点多管缆干涉风险等级一共划分为5个等级，令风险等级矩阵为$\boldsymbol{Q}=(2,4,6,8,10)$。其中，$(0,2]$对应风险等级“极低”；$(2,4]$对应风险等级“低”；$(4,6]$对应风险等级“中等”；$(6,8]$对应风险等级“高”；$(8,10)$对应风险等级“极高”。风险等级的具体划分标准可见表2-9。

表2-9 风险等级划分标准

风险等级	类别	描述
1	极低	风险极小，可忽略
2	低	风险较小，安全状况较好
3	中等	有一定风险，安全状况一般
4	高	风险较大，安全状况较差
5	极高	风险极大，需高度重视进行规避

令专家以独立式评价语言H_{ii}对模糊Petri网模型中的各底层风险因素所处的风险等级进行评价，其中每位专家的权重相同，均为0.1。

例如，在对风险因素“内孤立波”进行评价时，十位专家的评价语言分别为(H_{33}，H_{44}，H_{44}，H_{33}，H_{22}，H_{33}，H_{55}，H_{33}，H_{44}，H_{44})，在结合专家的自身权重之后，可以得到十位专家的综合评价语言为(H_{11}，0；H_{22}，0.1；H_{33}，0.4；H_{44}，0.4；H_{55}，0.1)，则“内孤立波”对应的隶属度向量为(0, 0.1, 0.4, 0.4, 0.1)，即为风险等级评估向量。由此逐一进行评估，结果见表

2-10。

表 2-10　各风险因素的风险等级评估向量

风险因素	极低	低	中等	高	极高
内孤立波	0	0.1	0.4	0.4	0.1
台风	0	0	0	0.2	0.8
地壳运动	0	0	0.2	0.3	0.5
冰块撞击	0	0.1	0.2	0.4	0.3
波浪	0	0	0.5	0.4	0.1
水生物扰动	0.2	0.6	0.2	0	0
风力	0	0.1	0.4	0.4	0.1
海流流速	0	0.2	0.3	0.4	0.1
管缆间距	0	0	0.2	0.5	0.3
管缆数量	0	0.1	0.3	0.5	0.1
管缆布置	0	0.2	0.4	0.3	0.1
管缆长度	0.1	0.2	0.5	0.2	0
管缆顶张力	0	0.2	0.3	0.4	0.1
管缆刚度	0	0.1	0.4	0.3	0.2
吸力锚安装	0	0.1	0.4	0.4	0.1
系泊缆松弛	0	0.2	0.4	0.4	0
卸扣螺栓安装	0	0.1	0.2	0.6	0.1
锚链受力不均	0	0.2	0.4	0.4	0
锁紧销安装	0	0	0.3	0.5	0.2
吊装不当	0	0	0.4	0.5	0.1
测试不足	0	0	0.4	0.4	0.2
系泊缆腐蚀	0	0	0.3	0.6	0.1
系泊缆疲劳	0	0.1	0.4	0.4	0.1
锚链磨损	0	0.1	0.3	0.5	0.1
走锚	0	0.3	0.3	0.4	0
配重块丢失	0	0.2	0.3	0.4	0.1
连接卸扣损坏	0	0	0.2	0.5	0.3
锁紧装置破坏	0	0	0.1	0.6	0.3
连接器损坏	0	0	0.3	0.4	0.3
永久系挂装置损坏	0	0	0.4	0.3	0.3
穿梭油轮碰撞	0	0	0	0.5	0.5
海上坠物	0.1	0.6	0.2	0.1	0
船舶抛锚	0	0.3	0.5	0.2	0
辅助船碰撞	0	0	0	0.6	0.4

续表

风险因素	极低	低	中等	高	极高
渔业活动	0.3	0.4	0.3	0	0
水下设备碰撞	0	0	0.3	0.5	0.2
维护检查措施	0	0.1	0.2	0.5	0.2
人员安全意识	0	0.1	0.3	0.3	0.3
应急处理预案	0	0	0.2	0.5	0.3
监督管理手段	0	0	0.4	0.4	0.2

2.4.1.2 算法推理与风险分析

1. 库所可信度推理

确定初始库所可信度矩阵$\boldsymbol{\alpha}_0$、权重矩阵$\boldsymbol{\omega}$和变迁置信度矩阵$\boldsymbol{U}$。其中,因为模糊 Petri 网模型中共有 47 个库所, 46 个变迁,则库所可信度矩阵$\boldsymbol{\alpha}_0$为47×1维矩阵;权重矩阵$\boldsymbol{\omega}$为47×46维矩阵,矩阵元素ω_{ij}表示对于变迁t_j、库所P_i的权重大小,若P_i不是t_j的输入库所,则ω_{ij}为 0,因为采用产生式规则中的“或”规则,当P_i是t_j的输入库所时,ω_{ij}为 1;变迁置信度矩阵$\boldsymbol{U}$为47×46维矩阵,其元素μ_{ij}指对于输出库所P_i,变迁t_j的置信度,若P_i不是t_j的输出库所,则μ_{ij}为 0。据此可得

$$\boldsymbol{\alpha}_0=(0.685,0.438,0.291,0.281,0.826,0.545,0.851,0.799,0.490,0.428,0.285,0.388,0.300,0.320,0.283,0.443,0.323,0.338,0.275,0.308,0.310,0.769,0.742,0.777,0.485,0.623,0.473,0.540,0.568,0.425,0.223,0.450,0.350,0.216,0.340,0.293,0.405,0.413,0.283,0.368,0,0,0,0,0,0,0)$$

$$\boldsymbol{\omega}=(\omega_{ij})$$

其中,当$i=j$时,$\omega_{ij}=1$,其余元素为 0,($i=1,2,\cdots,47$,$j=1,2,\cdots,46$)。

$$\boldsymbol{U}=(\mu_{ij})$$

其中,$\mu_{41,1}=0.786$,$\mu_{41,2}=0.922$,$\mu_{41,3}=0.905$,$\mu_{41,4}=0.870$,$\mu_{41,5}=0.836$,$\mu_{41,6}=0.550$,$\mu_{41,7}=0.853$,$\mu_{41,8}=0.836$,$\mu_{42,9}=0.888$,$\mu_{42,10}=0.870$,$\mu_{42,11}=0.769$,$\mu_{42,12}=0.734$,$\mu_{42,13}=0.784$,$\mu_{42,14}=0.801$,$\mu_{43,15}=0.905$,$\mu_{43,16}=0.836$,$\mu_{43,17}=0.870$,$\mu_{43,18}=0.692$,$\mu_{43,19}=0.905$,$\mu_{43,20}=0.853$,$\mu_{43,21}=0.888$,$\mu_{44,22}=0.905$,$\mu_{44,23}=0.870$,$\mu_{44,24}=0.870$,$\mu_{44,25}=0.692$,$\mu_{44,26}=0.786$,$\mu_{44,27}=0.870$,$\mu_{44,28}=0.888$,$\mu_{44,29}=0.905$,$\mu_{44,30}=0.888$,$\mu_{45,31}=0.922$,$\mu_{45,32}=0.525$,$\mu_{45,33}=0.642$,$\mu_{45,34}=0.922$,$\mu_{45,35}=0.450$,$\mu_{45,36}=0.853$,$\mu_{46,37}=0.905$,$\mu_{46,38}=0.752$,$\mu_{46,39}=0.870$,$\mu_{46,40}=0.905$,$\mu_{47,41}=0.888$,$\mu_{47,42}=0.853$,$\mu_{47,43}=0.734$,$\mu_{47,44}=0.888$,$\mu_{47,45}=0.801$,$\mu_{47,46}=0.727$,其余元素为 0,($i=1,2,\cdots,47$,$j=1,2,\cdots,46$)。

将初始库所可信度矩阵$\boldsymbol{\alpha}_0$、权重矩阵$\boldsymbol{\omega}$和变迁置信度矩阵$\boldsymbol{U}$代入到库所可信度推理算法中进行迭代计算:

$\boldsymbol{\alpha}_1 =$ (0.685, 0.438, 0.291, 0.281, 0.826, 0.545, 0.851, 0.799, 0.490, 0.428, 0.285, 0.388, 0.300, 0.320, 0.283, 0.443, 0.323, 0.338, 0.275, 0.308, 0.310, 0.769, 0.742, 0.777, 0.485, 0.623, 0.473, 0.540, 0.568, 0.425, 0.223, 0.450, 0.350, 0.216, 0.340, 0.293, 0.405, 0.413, 0.283, 0.368, 0.726, 0.435, 0.370, 0.696, 0.250, 0.367, 0)^{T}

$\boldsymbol{\alpha}_2 = \boldsymbol{\alpha}_3 =$ (0.685, 0.438, 0.291, 0.281, 0.826, 0.545, 0.851, 0.799, 0.490, 0.428, 0.285, 0.388, 0.300, 0.320, 0.283, 0.443, 0.323, 0.338, 0.275, 0.308, 0.310, 0.769, 0.742, 0.777, 0.485, 0.623, 0.473, 0.540, 0.568, 0.425, 0.223, 0.450, 0.350, 0.216, 0.340, 0.293, 0.405, 0.413, 0.283, 0.368, 0.726, 0.435, 0.370, 0.696, 0.250, 0.367, 0.645)^{T}

当迭代次数 k=3 时，$\boldsymbol{\alpha}_2 = \boldsymbol{\alpha}_3$，因此迭代结束，得到 $\boldsymbol{\alpha}_3$ 为最终库所可信度矩阵。由 $\boldsymbol{\alpha}_3$ 可知，环境因素存在风险的可信度为 0.726，管缆设计因素存在风险的可信度为 0.435，安装因素存在风险的可信度为 0.370，设备因素存在风险的可信度为 0.696，第三方破坏因素存在风险的可信度为 0.250，管理因素存在风险的可信度为 0.367，FPSO 单点多管缆干涉风险的可信度为 0.645。

2. 状态矩阵推理

输入初始状态矩阵 $\boldsymbol{M}(0)$、输入矩阵 $\boldsymbol{I}$、输出矩阵 $\boldsymbol{O}$、权重向量 $\boldsymbol{V}$、风险等级阈值向量 $\boldsymbol{\lambda}$ 与风险等级向量 $\boldsymbol{Q}$。其中，输入矩阵 $\boldsymbol{I} = (\delta_{ij})$，当 $i = j$ 时，$\delta_{ij} = 1$，其余元素为 0，$(i = 1,2,\cdots,47, j = 1,2,\cdots,46)$；输出矩阵 $\boldsymbol{O} = (\gamma_{ij})$，其中，当 $i = 41, j = 1 \sim 8$ 时，$\gamma_{ij} = 1$；当 $i = 42, j = 9 \sim 14$ 时，$\gamma_{ij} = 1$；当 $i = 43, j = 15 \sim 21$ 时，$\gamma_{ij} = 1$；当 $i = 44, j = 22 \sim 30$ 时，$\gamma_{ij} = 1$；当 $i = 45, j = 31 \sim 36$ 时，$\gamma_{ij} = 1$；当 $i = 46, j = 37 \sim 40$ 时，$\gamma_{ij} = 1$；当 $i = 47, j = 41 \sim 46$ 时，$\gamma_{ij} = 1$；其余元素为 0，($i = 1,2,\cdots,47$，$j = 1,2,\cdots,46$)。

权重向量 $\boldsymbol{V}$ 由表 2-5 得到：

$\boldsymbol{V}$=(0.167 3, 0.279 1, 0.061 8, 0.036 0, 0.105 5, 0.044 1, 0.105 5, 0.200 6, 0.332 4, 0.210 0, 0.182 5, 0.076 6, 0.108 4, 0.090 1, 0.180 7, 0.090 5, 0.109 6, 0.054 4, 0.263 3, 0.093 7, 0.207 8, 0.123 9, 0.104 6, 0.076 8, 0.042 9, 0.058 0, 0.113 1, 0.206 5, 0.157 5, 0.116 8, 0.345 0, 0.068 7, 0.106 3, 0.267 2, 0.041 0, 0.171 7, 0.161 3, 0.270 1, 0.143 8, 0.424 9, 0.266 0, 0.201 5, 0.125 9, 0.232 8, 0.057 5, 0.116 4)。

风险等级阈值因考虑到海洋工程对安全的要求较高，将底层库所的风险等级阈值统一设置为 4。

风险等级向量 $\boldsymbol{Q} = (2,4,6,8,10)^{\mathrm{T}}$。$(0,2]$ 对应风险等级“极低”，$(2,4]$ 对应风险等级“低”，$(4,6]$ 对应风险等级“中等”，$(6,8]$ 对应风险等级“高”，$(8,10)$ 对应风险等级“极高”。

初始状态矩阵 $\boldsymbol{M}(0)$ 可通过表 2-10，对各个风险等级评估向量进行整合得到：

$$\boldsymbol{M}(0)=\begin{pmatrix} 0 & 0.1 & 0.4 & 0.4 & 0.1 \\ 0 & 0 & 0 & 0.2 & 0.8 \\ 0 & 0 & 0.2 & 0.3 & 0.5 \\ 0 & 0.1 & 0.2 & 0.4 & 0.3 \\ 0 & 0 & 0.5 & 0.4 & 0.1 \\ 0.2 & 0.6 & 0.2 & 0 & 0 \\ 0 & 0.1 & 0.4 & 0.4 & 0.1 \\ 0 & 0.2 & 0.3 & 0.4 & 0.1 \\ 0 & 0 & 0.2 & 0.5 & 0.3 \\ 0 & 0.1 & 0.3 & 0.5 & 0.1 \\ 0 & 0.2 & 0.4 & 0.3 & 0.1 \\ 0.1 & 0.2 & 0.5 & 0.2 & 0 \\ 0 & 0.2 & 0.3 & 0.4 & 0.1 \\ 0 & 0.1 & 0.4 & 0.3 & 0.2 \\ 0 & 0.1 & 0.4 & 0.4 & 0.1 \\ 0 & 0.2 & 0.4 & 0.4 & 0 \\ 0 & 0.1 & 0.2 & 0.6 & 0.1 \\ 0 & 0.2 & 0.4 & 0.4 & 0 \\ 0 & 0 & 0.3 & 0.5 & 0.2 \\ 0 & 0 & 0.4 & 0.5 & 0.1 \\ 0 & 0 & 0.4 & 0.4 & 0.2 \\ 0 & 0 & 0.3 & 0.6 & 0.1 \\ 0 & 0.1 & 0.4 & 0.4 & 0.1 \end{pmatrix}_{1\sim23\text{行}} \begin{pmatrix} 0 & 0.1 & 0.3 & 0.5 & 0.1 \\ 0 & 0.3 & 0.3 & 0.4 & 0 \\ 0 & 0.2 & 0.3 & 0.4 & 0.1 \\ 0 & 0 & 0.2 & 0.5 & 0.3 \\ 0 & 0 & 0.1 & 0.6 & 0.3 \\ 0 & 0 & 0.3 & 0.4 & 0.3 \\ 0 & 0 & 0.4 & 0.3 & 0.3 \\ 0 & 0 & 0 & 0.5 & 0.5 \\ 0.1 & 0.6 & 0.2 & 0.1 & 0 \\ 0 & 0.3 & 0.5 & 0.2 & 0 \\ 0 & 0 & 0 & 0.6 & 0.4 \\ 0.3 & 0.4 & 0.3 & 0 & 0 \\ 0 & 0 & 0.3 & 0.5 & 0.2 \\ 0 & 0.1 & 0.2 & 0.5 & 0.2 \\ 0 & 0.1 & 0.3 & 0.3 & 0.3 \\ 0 & 0 & 0.2 & 0.5 & 0.3 \\ 0 & 0 & 0.4 & 0.4 & 0.2 \\ 0 & 0 & 0 & 0 & 0 \\ 0 & 0 & 0 & 0 & 0 \\ 0 & 0 & 0 & 0 & 0 \\ 0 & 0 & 0 & 0 & 0 \\ 0 & 0 & 0 & 0 & 0 \\ 0 & 0 & 0 & 0 & 0 \\ 0 & 0 & 0 & 0 & 0 \end{pmatrix}_{24\sim47\text{行}}$$

在得到上述所示初始数据后，将输入矩阵、输出矩阵、权重向量、风险等级阈值矩阵与初始状态矩阵输入到算法中，进行迭代求解，得到最终结果如下：

$$
\boldsymbol{M}(2)=\boldsymbol{M}(3)=\begin{pmatrix}
0 & 0.1 & 0.4 & 0.4 & 0.1\\
0 & 0 & 0 & 0.2 & 0.8\\
0 & 0 & 0.2 & 0.3 & 0.5\\
0 & 0.1 & 0.2 & 0.4 & 0.3\\
0 & 0 & 0.5 & 0.4 & 0.1\\
0.2 & 0.6 & 0.2 & 0 & 0\\
0 & 0.1 & 0.4 & 0.4 & 0.1\\
0 & 0.2 & 0.3 & 0.4 & 0.1\\
0 & 0 & 0.2 & 0.5 & 0.3\\
0 & 0.1 & 0.3 & 0.5 & 0.1\\
0 & 0.2 & 0.4 & 0.3 & 0.1\\
0.1 & 0.2 & 0.5 & 0.2 & 0\\
0 & 0.2 & 0.3 & 0.4 & 0.1\\
0 & 0.1 & 0.4 & 0.3 & 0.2\\
0 & 0.1 & 0.4 & 0.4 & 0.1\\
0 & 0.2 & 0.4 & 0.4 & 0\\
0 & 0.1 & 0.2 & 0.6 & 0.1\\
0 & 0.2 & 0.4 & 0.4 & 0\\
0 & 0 & 0.3 & 0.5 & 0.2\\
0 & 0 & 0.4 & 0.5 & 0.1\\
0 & 0 & 0.4 & 0.4 & 0.2\\
0 & 0 & 0.3 & 0.6 & 0.1\\
0 & 0.1 & 0.4 & 0.4 & 0.1
\end{pmatrix}_{1\sim23\text{行}}
\begin{pmatrix}
0 & 0.1 & 0.3 & 0.5 & 0.1\\
0 & 0.3 & 0.3 & 0.4 & 0\\
0 & 0.2 & 0.3 & 0.4 & 0.1\\
0 & 0 & 0.2 & 0.5 & 0.3\\
0 & 0 & 0.1 & 0.6 & 0.3\\
0 & 0 & 0.3 & 0.4 & 0.3\\
0 & 0 & 0.4 & 0.3 & 0.3\\
0 & 0 & 0 & 0.5 & 0.5\\
0.1 & 0.6 & 0.2 & 0.1 & 0\\
0 & 0.3 & 0.5 & 0.2 & 0\\
0 & 0 & 0 & 0.6 & 0.4\\
0.3 & 0.4 & 0.3 & 0 & 0\\
0 & 0 & 0.3 & 0.5 & 0.2\\
0 & 0.1 & 0.2 & 0.5 & 0.2\\
0 & 0.1 & 0.3 & 0.3 & 0.3\\
0 & 0 & 0.2 & 0.5 & 0.3\\
0 & 0 & 0.4 & 0.4 & 0.2\\
0.009 & 0.098 & 0.250 & 0.320 & 0.323\\
0.008 & 0.104 & 0.309 & 0.412 & 0.168\\
0 & 0.058 & 0.352 & 0.458 & 0.133\\
0 & 0.043 & 0.270 & 0.473 & 0.215\\
0.019 & 0.090 & 0.131 & 0.447 & 0.314\\
0 & 0.043 & 0.312 & 0.404 & 0.241\\
0.005 & 0.074 & 0.280 & 0.409 & 0.233
\end{pmatrix}_{24\sim47\text{行}}
$$

由结果可知，各风险因素的风险等级评估值都超过了风险等级阈值，即各风险因素的严重程度均较大，都需要对其进行考虑，且上式中最终状态矩阵的最后一行向量就是 FPSO 单点多管缆干涉风险的评估向量，为(0.005，0.074，0.280，0.409，0.233)。由式(2-11)可得管缆干涉风险等级评估值 $\boldsymbol{S}=\boldsymbol{M}(k)\boldsymbol{Q}^{\mathrm{T}}=7.588$ 。

根据式(2-12)，将库所可信度与风险等级评估值相乘，可得到 FPSO 单点多管缆干涉风险的综合评估值 $f=w_{\mathrm{c}}\times s_{\mathrm{c}}=4.894$ 。

可以得到系统的风险等级评估值为 7.588，在结合可信度后得到系统的综合评估值为 4.894，对应的风险评估等级为“中等”，与 FPSO 实际情况较为相符，证明了算法的可行性。

2.4.2　结果分析

通过上一节的推理算法，在结合各个因素的可信度与风险等级评估值后，可得到各个一级指标的综合评估值，如图 2-3 所示。其中，环境因素的综合评估值为 5.590，对应的等级为“中等”；管缆设计因素的综合评估值为 3.158，对应的等级为“低”；安装因素的综合评估值为 2.715，对应的等级为“低”；设备因素的综合评估值为 5.373，对应的等级为“中等”；第三方破坏因素的综合评估值为 1.973，对应的等级为“极低”；管理因素的综合评估值为 2.818，对应的等级为“低”。

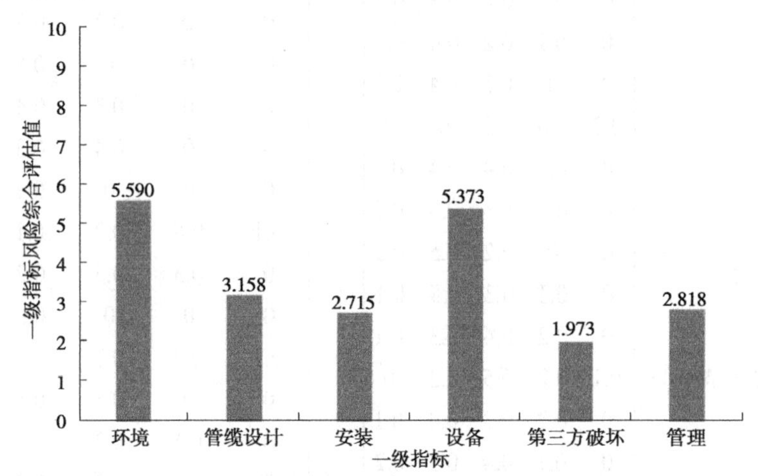

图 2-3 FPSO 单点多管缆干涉风险一级指标综合评估值

其中，环境因素和设备因素的综合评估值较高，管缆设计因素稍小，而安装因素和管理因素的综合评估值较低，且第三方破坏因素的综合评估值最低。可知，FPSO 单点多管缆干涉风险受到多种因素综合作用，环境因素和设备因素是影响 FPSO 单点多管缆干涉的主要风险因素，需要对其重点关注，管缆设计因素影响次之，而安装因素、第三方破坏因素和管理因素的影响最小，说明了 FPSO 在单点系泊系统安装阶段操作妥当，运营管理水平较高，且不易发生第三方破坏。

本节将根据风险分析的结果，对一级指标下的 40 个二级指标进行风险分析，并对其进行风险排序，提出相应的风险控制措施。

2.4.2.1 风险排序

根据推理算法，可以得到各二级指标的综合评估值，结果如图 2-4 所示。对这 40 个风险指标进行风险排序，结果见表 2-11。

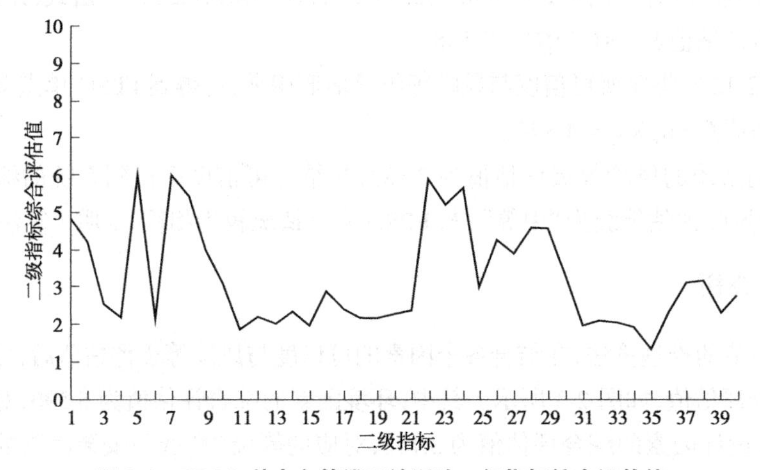

图 2-4 FPSO 单点多管缆干涉风险二级指标综合评估值

表 2-11　风险因素排序

序号	综合评估值	风险指标	序号	综合评估值	风险指标
1	5.957	风力	21	2.503	地壳运动
2	5.947	波浪	22	2.390	卸扣螺栓安装
3	5.844	系泊缆腐蚀	23	2.356	测试不足
4	5.594	锚链磨损	24	2.321	应急处理预案
5	5.433	海流流速	25	2.304	管缆刚度
6	5.194	系泊缆疲劳	26	2.285	水下设备碰撞
7	4.795	内孤立波	27	2.279	吊装不当
8	4.544	连接器损坏	28	2.192	冰块撞击
9	4.536	锁紧装置破坏	29	2.180	水生物扰动
10	4.236	配重块丢失	30	2.173	管缆长度
11	4.205	台风	31	2.163	锚链受力不均
12	4.018	管缆间距	32	2.145	锁紧销安装
13	3.879	连接卸扣损坏	33	2.070	海上坠物
14	3.315	永久系挂装置损坏	34	2.040	管缆顶张力
15	3.139	人员安全意识	35	2.030	船舶抛锚
16	3.082	管缆数量	36	2.007	穿梭油轮碰撞
17	3.078	维护检查措施	37	1.981	吸力锚安装
18	3.007	走锚	38	1.901	辅助船碰撞
19	2.835	系泊缆松弛	39	1.881	管缆布置
20	2.797	监督管理手段	40	1.360	渔业活动

由表 2-11 可以看出，综合评估值大于 4，即综合风险评估等级在“中等”及以上的指标有风力（P_7）、波浪（P_5）、系泊缆腐蚀（P_{22}）、锚链磨损（P_{24}）、海流流速（P_8）、系泊缆疲劳（P_{23}）、内孤立波（P_1）、连接器损坏（P_{29}）、锁紧装置破坏（P_{28}）、配重块丢失（P_{26}）、台风（P_2）、管缆间距（P_9），共计 12 个。

其中，风力、波浪、海流流速、系泊缆腐蚀、系泊缆疲劳、锚链磨损的综合评估值大于 5，需要重点关注。大风和大浪会使 FPSO 船体产生运动，并带动水下管缆，而海流则会直接扰动水下管缆，使管缆间发生相互碰撞、缠绕，引发严重后果。系泊缆腐蚀、系泊缆疲劳和锚链磨损是系泊缆失效的三种主要形式，对于系泊缆腐蚀，因 FPSO 长年系泊于海上，受海洋环境影响，系泊缆容易产生腐蚀现象，尤其是触泥段锚链腐蚀最为严重，会造成锚链强度变弱，使系泊缆失效，继而影响系泊系统可靠性，发生水下管缆干涉风险；对于系泊缆疲劳，因系泊缆长期受风浪流等交变载荷影响，以及设计初不可避免的初始缺陷存在，会使系泊缆的疲劳损伤不断累积，并最终产生疲劳破坏，会导致系泊缆断丝的情况出现，同样会影响系泊系统的正常运转；而锚链与海床沙粒、岩石接触，以及链环之间相互摩擦等因素，都会使锚链产生磨损，造成锚链直径缩小，影响锚链安全与系泊系统可靠性。因此，上述 6 个风险因素的可信度和严重程度均较高,使其综合评估值在 5 以上。

此外,内孤立波、台风、管缆间距、配重块丢失、连接器损坏和锁紧装置破坏的综合评估值大于 4。其中,内孤立波在传播过程中会使海水产生剪切流动,对管缆产生冲击,而台风虽然发生频率不高,但一旦发生,通常会使水下管缆产生剧烈运动,造成锚链与管缆的断裂,严重性较高;对于管缆间距,一旦设计过密会对管缆干涉风险产生直接影响,使干涉风险发生的可能性增大。而系泊链上配重块在随系泊链运动过程中,会与海底产生碰撞,承受冲击载荷,同时连接螺栓发生腐蚀或损坏,都会使得配重块在 FPSO 服役期间出现丢失、掉落的情况,影响系泊系统可靠性与系泊链的形态,威胁水下管缆安全;连接器是与管缆连接相关的设备,在 FPSO 服役期间出现损坏会使管缆断开连接,并影响周围管缆与锚泊系统;浮筒锁紧装置发生破坏则会造成浮筒下沉甚至脱落,影响与其相连的管缆,并使 FPSO 系泊能力降低。因此,上述 6 个风险因素在结合其可信度与严重程度后,可得到其综合评估值在 4 以上。

2.4.2.2 风险控制措施

根据风险排序的结果,对综合评估值大于 4 的 12 个二级指标提出风险控制措施,主要措施如下。

(1)在环境方面,主要的风险因素是风力、海流流速、波浪、台风与内孤立波。环境风险作为不可抗力,难以有效对其进行控制与规避,对此可增设海上气象预报站,通过对 FPSO 所在周边海域实施全方位的监控和观测来及时预报海上气象情况;制定应急反应预案,根据 FPSO 所在海域的气象、海况以及 FPSO 的实际情况,当判断将会对 FPSO 单点多管缆干涉产生重大影响时,能够及时采取有效的应急措施来对风险进行控制。当情况紧急时,例如遇到超强台风时可以考虑将 FPSO 单点系泊系统进行解脱,驶离所在海域来对风险进行规避。

(2)在管缆设计方面,主要的风险因素是管缆间距。在对 FPSO 单点系泊系统进行设计时,应综合考虑规范要求、当地海域海况与投资情况,设计合适的管缆间距,避免管缆间距过小的情况出现,在保证功能实现的同时又不会引起管缆干涉风险。

(3)在设备方面,主要的风险因素是系泊缆腐蚀、系泊缆疲劳、锚链磨损、配重块丢失、连接器损坏和锁紧装置破坏。对于系泊缆腐蚀,在设计之初应该综合考虑当地海域情况和规范要求来设定腐蚀余量,同时可以考虑提高系泊缆的抗腐蚀性能,包括采用防腐材料在系泊缆表层制作防腐外层等,并定期清理系泊缆表面附着的海生物、检查其腐蚀情况;对于系泊缆疲劳,在设计之初应尽量减少系泊缆的初始缺陷,避免系泊缆尤其是锚链段出现局部应力集中问题,并对锚泊系统进行定期检查,对于已经出现断丝现象的系泊缆,应及时对其进行更换,以免造成进一步断裂;对于锚链磨损,可定期清理链环中的异物,并张紧锚链以避免连接部位磨损,对于触地段易磨损区域应定期检查,及时更换磨损严重的锚链;同时,可定期检查浮筒锁紧装置和连接器的完好状态,一旦其出现损坏或失效的情况,应及时予以修复与更换,以防止风险进一步发展;最后,对于配重块丢失问题,当出现丢失、掉落情况时应及时更换新的配重块,并且可以通过直接焊接配重块以及采用配重链的方式来替代配重块,以降低配重块丢失的风险。

2.4.3 结论

FPSO 是海上油气资源开发系统的重要组成部分,其单点系泊系统水下管缆众多,容易发生管缆干涉风险,从而危及船上人员和财产的安全。因此,对其进行风险分析来降低管缆干涉风险的发生可能性与严重性具有重要的意义。本研究将模糊 Petri 网理论引用到 FPSO 单点多管缆干涉风险分析中,得到的结论与成果如下。

(1)从环境、管缆设计、安装、设备、第三方破坏、管理 6 个方面对其进行风险源识别,并由此建立了 FPSO 单点多管缆干涉风险指标体系,一共包含 6 个一级指标和 40 个二级指标,层次分明、适用性较好。

(2)基于模糊 Petri 网相关理论,将 FPSO 单点多管缆干涉风险指标体系转化为模糊 Petri 网模型,用图像可视化的方式可清楚表示风险因素间的逻辑关系,并通过专家经验获取了库所可信度、变迁置信度、风险因素权重等推理算法初始数据。

(3)基于所建立的模糊 Petri 网模型提出了模糊推理算法,通过矩阵运算求出了 FPSO 单点多管缆干涉风险综合评估值为 4.894,对应风险评估等级为“中等”,环境因素和设备因素是影响 FPSO 单点多管缆干涉的主要风险因素,需要对其重点关注。同时采用该算法对各底层风险因素进行了风险分析,通过综合评估值进行风险排序,并提出相关建议与风险控制措施,对于 FPSO 单点多管缆干涉风险控制具有一定参考价值。

第 3 章　基于毕达哥拉斯模糊数和贝叶斯网络的 FPSO 火灾爆炸风险分析

火灾爆炸事故是 FPSO 作业过程中面临的重要风险之一，为了保障海上油气开发的安全进行，对 FPSO 火灾爆炸事故进行风险分析。基于毕达哥拉斯模糊数与贝叶斯网络提出毕达哥拉斯模糊贝叶斯网络（Pythagorean Fuzzy Bayesian Network，PFBN）风险分析模型，以实现 FPSO 火灾爆炸事故风险概率定量计算。该方法分为三个部分：首先通过梯形毕达哥拉斯模糊数转换专家的定性评价，拓展了专家意见的模糊范围；其次，结合主客观组合赋权法，利用毕达哥拉斯梯形模糊爱因斯坦混合几何算子（Pythagorean Trapezoidal Fuzzy Einstein Hybrid Geometric，PTFEHG）实现专家意见的聚合；最后通过贝叶斯网络推理与敏感性分析，计算 FPSO 火灾爆炸事故的风险概率，并辨识关键风险因素。

3.1　FPSO 火灾爆炸事故风险分析流程

本章提出的风险分析方法的主要流程如图 3-1 所示。

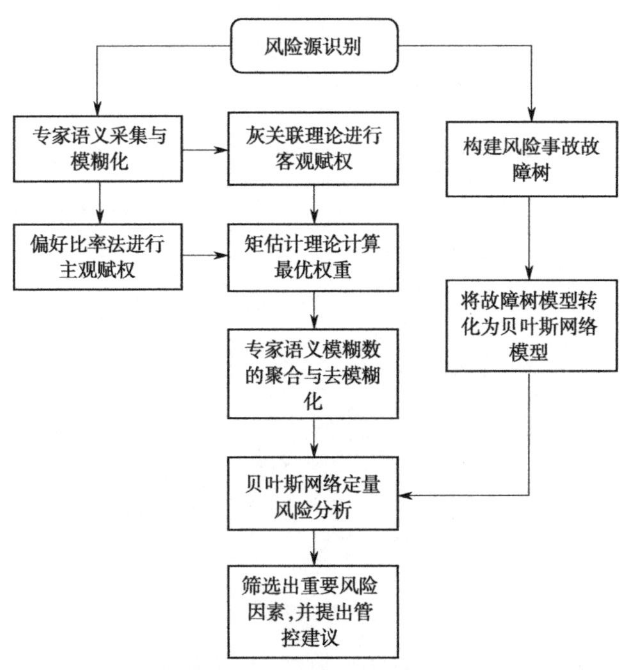

图 3-1　基于毕达哥拉斯模糊贝叶斯网络的风险分析流程

3.1.1　FPSO 火灾爆炸事故风险源辨识

基于 FPSO 火灾爆炸事故的相关研究，分析南海某 FPSO 的风险情况，构建 FPSO 火灾爆炸事故故障树如图 3-2 所示，故障树中包含 1 个顶事件，19 个中间事件，34 个风险源，共 54 个风险节点。事件编号及描述见表 3-1。

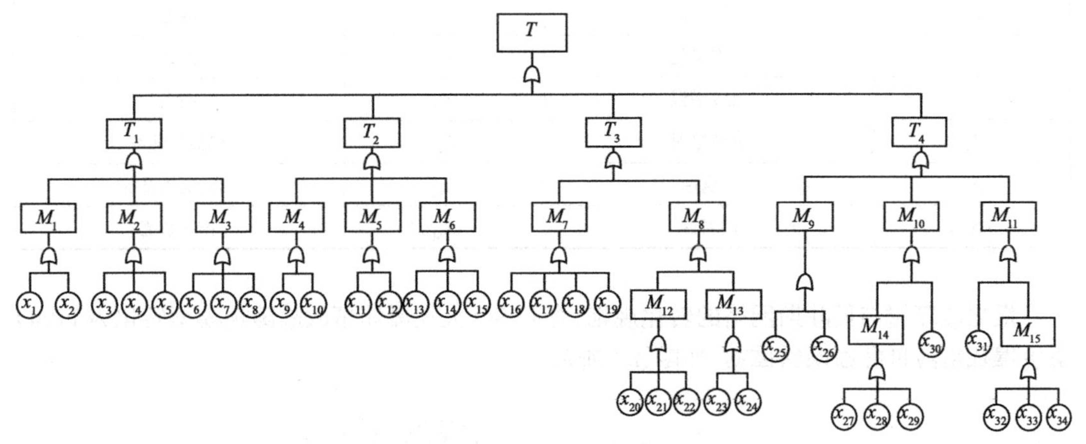

图 3-2　FPSO 火灾爆炸事故故障树

表 3-1　FPSO 火灾爆炸事故风险源

编号	风险源	编号	风险源
T	火灾爆炸事故	X_8	应力腐蚀
T_1	气体泄漏	X_9	控制开关失效
T_2	泄漏识别系统故障	X_{10}	电源短路
T_3	应急系统故障	X_{11}	过度劳累
T_4	火源影响	X_{12}	培训不足
M_1	外力影响	X_{13}	探测器失效
M_2	设备缺陷	X_{14}	信号执行元件故障
M_3	腐蚀	X_{15}	逻辑控制器故障
M_4	电源故障	X_{16}	传感器失效
M_5	人员失误	X_{17}	控制器损坏
M_6	气体探测系统失效	X_{18}	断电
M_7	自动关断隔离失效	X_{19}	自动电磁阀故障
M_8	手动关断隔离失败	X_{20}	锈死
M_9	环境因素	X_{21}	断裂
M_{10}	火花	X_{22}	变形
M_{11}	高温源	X_{23}	过度劳累
M_{12}	控制阀损坏	X_{24}	管理不力
M_{13}	人员操作错误	X_{25}	太阳暴晒

续表

编号	风险源	编号	风险源
M_{14}	电火花	X_{26}	闪电
M_{15}	设备高温	X_{27}	电线短路
X_1	撞击	X_{28}	电气设备放电
X_2	海况载荷	X_{29}	静电
X_3	材料老化	X_{30}	撞击火花
X_4	尺度错误	X_{31}	明火
X_5	安装错误	X_{32}	热加工设备
X_6	外腐蚀	X_{33}	高温电气设备
X_7	内腐蚀	X_{34}	排气系统

根据故障树与贝叶斯网络的转化规则，将 FPSO 火灾爆炸事故故障树模型转化为 FPSO 火灾爆炸事故贝叶斯网络模型，如图 3-3 所示。

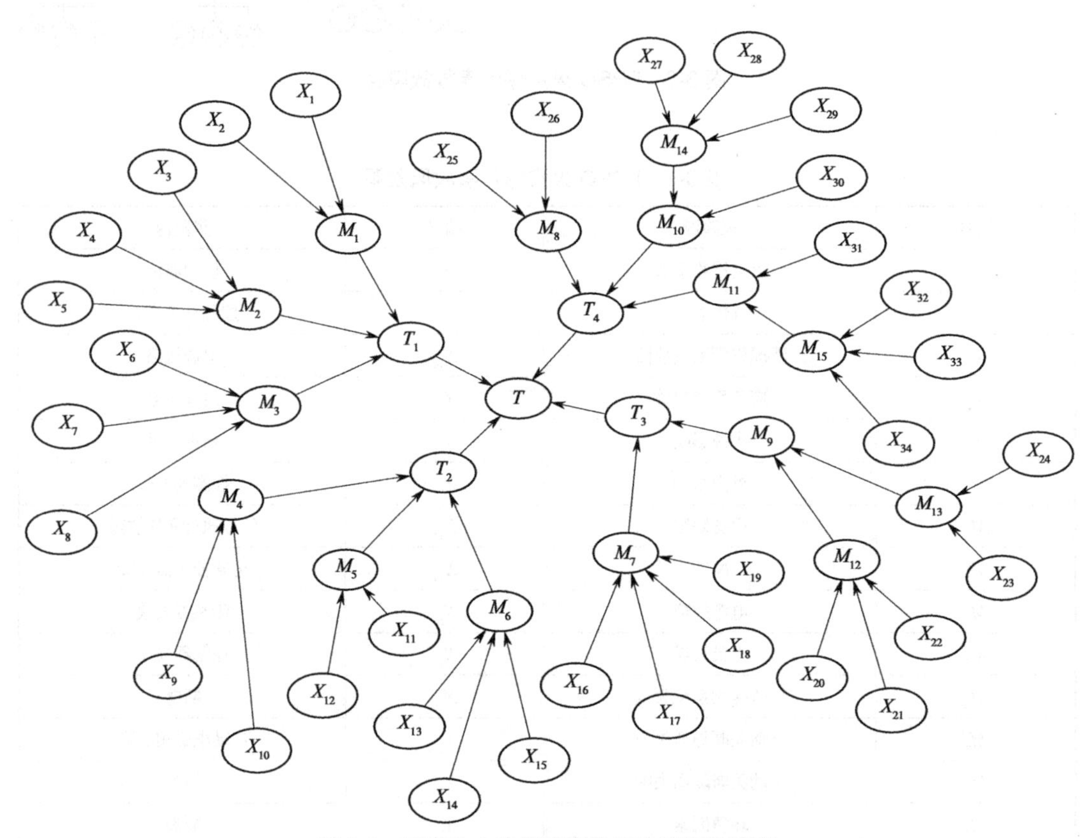

图 3-3 FPSO 火灾爆炸事故贝叶斯网络模型

3.1.2　专家语言评价与聚合

3.1.2.1　语言评价等级定义

专家组在判断基本事件的发生概率时，通常是给出定性的语言评价，为了便于后续的定量概率计算，邀请专家按照表 3-2 中给出的 5 个风险等级，对 FPSO 火灾爆炸事故的基本事件发生概率进行评价，并按照转化规则，将评价语言转化为对应的毕达哥拉斯模糊数。

表 3-2　模糊语言转化

专家评语	标度	毕达哥拉斯模糊数
几乎不可能	N	([0,0.05,0.1,0.15];0.7,0.3)
风险等级较低	VL	([0,0.15,0.25,0.5];0.8,0.4)
风险等级低	L	([0.25,0.4,0.5,0.75];0.7,0.35)
风险等级高	H	([0.5,0.65,0.75,1];0.8,0.2)
风险等级很高	VH	([0.75,0.9,1,1];1,0)

3.1.2.2　专家权重计算

1. 主观权重确定

综合考虑每一位专家包括职称、学历、工龄、年龄 4 个方面在内的综合情况，依照表 3-3 的规则，给出专家的各项属性分数。由于考虑到不同因素对于专家主观权重的影响不同，采用偏好比率法计算专家的属性权重，见下式。

表 3-3　专家属性得分规则

属性	描述	得分	属性	描述	得分
职称	教授 / 高级工程师	5	学历	博士	5
	副教授 / 中级工程师	4		硕士	4
	讲师 / 初级工程师	3		学士	3
	技术员	2		大专	2
	工人	1		中专及以下	1
工龄（年）	≥30	5	年龄（岁）	≥50	4
	20~29	4		40~49	3
	10~19	3		30~39	2
	6~9	2		≤29	1
	≤5	1			

$$\omega_k^s = \frac{S_{E_k}}{\sum_{k=1}^{n} S_{E_k}} \tag{3-1}$$

其中，ω_k^s 为归一化处理后的主观专家权重；S_{E_k} 为每位专家的加权得分；E_k 表示第 k 位专家

$(k=1,2,\cdots,m)$

2. 客观权重确定

参与评价的专家由于工作性质、个人偏好存在区别，专家意见具有主观性，可能存在与其他专家出入较大的极端值，对最终的分析结果产生不利影响。为了削弱极端值带来的影响，基于灰关联权重法，通过对比不同专家意见之间的拟合程度，对专家意见进行一致性修正，具体步骤如下。

（1）以专家意见 $z_k(i)(k=1,2,\cdots,m,m$为专家数量) 为参考序列，其余专家意见 $z_j(i)(j=1,2,\cdots,m,j\neq k)$ 为比较序列。通过以下公式计算各专家意见相对于其他专家意见的灰关联系数。

求两级最大差和最小差：

$$\begin{cases}\Delta_{\max}=\max\limits_{k(k\neq j)}\max\limits_{i}\left|z_k(i)-z_j(i)\right| \\ \Delta_{\min}=\min\limits_{k(k\neq j)}\min\limits_{i}\left|z_k(i)-z_j(i)\right|\end{cases} \tag{3-2}$$

求差序列：

$$\Delta_{jk}(i)=\left|z_k(i)-z_j(i)\right| \tag{3-3}$$

求关联系数：

$$r_k(i)=\frac{\Delta_{\min}+\rho\Delta_{\max}}{\Delta_{jk}(i)+\rho\Delta_{\max}} \tag{3-4}$$

其中，$\Delta_{\max}$ 为指标差序列中的最大值；$\Delta_{\min}$ 为指标差序列中的最小值；$\Delta_{jk}(i)$ 为专家 j 与专家 k 关于第 i 个对象的差值；$r_k(i)$ 为专家 k 与其余专家关于第 i 个对象的关联系数；ρ 为分辨系数，在最少信息原理下取 0.5。

（2）计算群范数灰关联度。设 $\eta_k(i)=r_k(i)$，则称下式为关联系数正（负）理想列，理想列与负理想列分别为距离参考序列最近与最远的比较序列：

$$\begin{cases}\eta^+(i)=\left\{\max\limits_k \eta_k(i)\middle|k=1,2,\cdots,m,k\neq j,i=1,2,\cdots,n\right\} \\ \eta^-(i)=\left\{\min\limits_k \eta_k(i)\middle|k=1,2,\cdots,m,k\neq j,i=1,2,\cdots,n\right\}\end{cases} \tag{3-5}$$

其中，$\eta^+(i)$ 为正理想列；$\eta^-(i)$ 为负理想列。

范数描述的是比较序列与参考序列的距离。专家 k 关联系数列的 2 个范数可定义为

$$d_k^+=\sqrt{\sum_{i=1}^{n}\left[\eta_k(i)-\eta^+(i)\right]^2} \tag{3-6}$$

$$d_k^-=\sqrt{\sum_{i=1}^{n}\left[\eta_k(i)-\eta^-(i)\right]^2} \tag{3-7}$$

其中，d_k^+ 为专家 k 与其余专家意见的近距；d_k^- 为专家 k 与其余专家意见的远距。

专家 k 相对于其余专家的范数灰关联度 ξ_k 定义为

$$\xi_k=\frac{d_k^-}{d_k^++d_k^-} \tag{3-8}$$

得到各专家j相对于专家k的范数灰关联度ξ_j，即可得到专家k的群范数灰关联度δ_k如下：

$$\delta_k = \frac{1}{m-1}\sum_{j=1,j\neq k}^{m}\xi_j \tag{3-9}$$

（3）计算各专家权重。将群范数灰关联度作归一化处理，即得到各专家权重

$$\omega_k^0 = \frac{\delta_k}{\sum_{k=1}^{m}\delta_k} \quad k=1,2,\cdots,m \tag{3-10}$$

加权得到各专家意见的群范数灰关联度，将群范数灰关联度作归一化处理，即得到专家客观权重。

3. 确定最优权重

根据矩估计理论构建优化模型，将主观专家权重与客观专家权重相结合。综合主观专家权重ω_k^s和客观专家权重ω_k^o形成求解最优权重，计算方法如下。

$$\begin{cases} x_k = \dfrac{\omega_k^s}{\omega_k^s+\omega_k^o} \\ y_k = \dfrac{\omega_k^o}{\omega_k^s+\omega_k^o} \end{cases} \tag{3-11}$$

$$\min S(\omega_k) = x_k(\omega_k-\omega_k^s)^2 + y_k(\omega_k-\omega_k^o)^2 \tag{3-12}$$

其中，x_k为主观权重所占比例；y_k为客观权重所占比例。

结合先前的分析与计算，以上优化模型可以用下式来表示：

$$\min\sum_{k=1}^{l} x_k(\omega_k-\omega_k^s)^2 + y_k(\omega_k-\omega_k^o)^2$$
$$\text{s.t.}\begin{cases} \sum_{k=1}^{l}\omega_k = 1 \\ \omega_k \geqslant 0 \quad \text{for all } k \end{cases} \tag{3-13}$$

3.1.2.3 专家意见聚合

本节利用梯形毕达哥拉斯模糊爱因斯坦几何混合聚合算子（PTFEHG）聚合专家意见，PTFEHG算子通过模糊数自身权重以及位置权重的二次修正，削弱了极端值的影响，保留了模糊数的信息完整性与准确性，具体计算流程如下。

1. 专家意见修正

计算专家权重修正下的专家意见

$$\tilde{\beta}_j = \tilde{\alpha}_j^{n\omega_j} \quad j=1,2,\cdots,n \tag{3-14}$$

其中，$\tilde{\alpha}_j$为第j位专家的意见模糊数；ω_j为第j位专家的最优专家权重；n为平衡系数。

$$\tilde{\alpha}_j = ([a_j,b_j,c_j,d_j];\mu_{dj},v_{dj})$$

$$\tilde{\beta}_j = ([A_j,B_j,C_j,D_j];\mu_j,v_j)$$

其中，μ_j为$\tilde{\beta}_j$的隶属度函数；v_j为$\tilde{\beta}_j$的非隶属度函数。

2. 模糊集得分计算

为了保留犹豫度对聚合结果的影响，保证专家信息的完整性，参考投票模型，运用改进评分函数计算模糊集的得分，对专家权重影响下的专家意见模糊数进行排序：

$$S_j=\mu_j^2-\nu_j^2+(\frac{e^{\mu_j^2-\nu_j^2}}{e^{\mu_j^2-\nu_j^2}+1}-\frac{1}{2})\pi_j^2 \tag{3-15}$$

其中，S_j为专家意见模糊数的得分；π_j为犹豫度函数，$\pi_j=\sqrt{1-\mu_j^2-\nu_j^2}$。

3. 聚合专家意见

运用 PTFEHG 算子对专家意见模糊数β_j进行聚合，得到位置权重影响下的聚合结果：

$$\text{PTFEHG}(\widetilde{\beta}_1,\widetilde{\beta}_2,\cdots,\widetilde{\beta}_n)=\underset{j=1}{\overset{n}{\otimes_\varepsilon}}(\widetilde{\beta}_j)^{\omega_j} \tag{3-16}$$

其中，ω_j为与位置相关的权重，取值见表 3-4。

表 3-4 位置权重

n	μ_n	σ_n	orness($\boldsymbol{\omega}$)	$\boldsymbol{\omega}$
2	1.5	0.5	0.5	$(0.5,0.5)^{\mathrm{T}}$
3	2	$\sqrt{2/3}$	0.5	$(0.242\ 9,0.514\ 2,0.242\ 9)^{\mathrm{T}}$
4	2.5	$\sqrt{5/4}$	0.5	$(0.155\ 0,0.345\ 0,0.345\ 0,0.155\ 0)^{\mathrm{T}}$
5	3	$\sqrt{2}$	0.5	$(0.111\ 7,0.236\ 5,0.303\ 6,0.236\ 5,0.111\ 7)^{\mathrm{T}}$
6	3.5	$\sqrt{35/12}$	0.5	$(0.086\ 5,0.171\ 6,0.241\ 9,0.241\ 9,0.171\ 6,0.086\ 5)^{\mathrm{T}}$

注：n为权重的数量；μ_n为集合 {1，2，⋯，h} 的平均值，$\mu_n=\frac{1+n}{2}$；δ_n为集合 {1，2，⋯，h} 的标准差，$\sigma_n=\sqrt{\frac{1}{n}\sum_{i=1}^{n}(i-\mu_n)^2}$；orness($\omega$)为权重的 orness 水平，取值 0.5 表示权重是一组无偏估计。

3.1.2.4 反模糊化

为了将梯形毕达哥拉斯模糊数转化为最佳单值，进而转化为定量的失效概率，需要对模糊数进行反模糊化。常用的反模糊化方法包括质心法、最大隶属度法、加权平均法等。本章采用质心法进行反模糊化，得到模糊可能性分数（Fuzzy Possibility Scores，FPS）。对于梯形毕达哥拉斯模糊数$\tilde{\alpha}_j=\left(\left[a_j,b_j,c_j,d_j\right];\mu_{\tilde{\alpha}_j},\nu_{\tilde{\alpha}_j}\right)$，运用下式行去模糊化：

$$\text{FPS}=\frac{\int_{a_j}^{d_j}[\mu_{\tilde{\alpha}_j}(x)-\nu_{\tilde{\alpha}_j}(x)+1]x\mathrm{d}x}{\int_{a_j}^{d_j}[\mu_{\tilde{\alpha}_j}(x)-\nu_{\tilde{\alpha}_j}(x)+1]\mathrm{d}x} \tag{3-17}$$

其中，$\mu_{\tilde{\alpha}_j}(x)$为模糊数$\tilde{\alpha}_j$的隶属度函数；$\nu_{\tilde{\alpha}_j}(x)$为模糊数$\tilde{\alpha}_j$的非隶属度函数。

为了与常规的失效概率兼容，需要将得到的 FPS 转化为模糊失效率（Fuzzy Failure Rate，FFR）。

$$\text{FFR}=\begin{cases}1/10^K & FPS\neq 0\\ 0 & FPS=0\end{cases} \tag{3-18}$$

$$K = 2.301 \times \left(\frac{1-\mathrm{FPS}}{\mathrm{FPS}} \right)^{\frac{1}{3}} \quad (3\text{-}19)$$

3.2　实例研究

本书邀请了 2 位从事 FPSO 安全管理的高校学者以及 3 位一线工程师，共 5 位专家组建专家组。各专家对表 3-1 中的风险源进行风险等级打分，专家信息见表 3-5。

表 3-5　专家信息

专家编号	职称	工龄(年)	学历	年龄(岁)
E_1	高级工程师	38	博士	53
E_2	副教授	20	博士	50
E_3	初级工程师	23	硕士	58
E_4	技术员	11	硕士	33
E_5	工人	24	学士	40

3.2.1　收集专家意见

针对表 3-1 中识别出的 FPSO 火灾爆炸事故风险源制定调查问卷，邀请 5 位专家对其中 34 个风险源进行评价，收集专家意见见表 3-6。

表 3-6　专家意见

编号	专家编号					编号	专家编号				
	E_1	E_2	E_3	E_4	E_5		E_1	E_2	E_3	E_4	E_5
X_1	ML	M	L	ML	ML	X_{18}	L	L	L	L	L
X_2	ML	ML	M	L	L	X_{19}	ML	L	L	ML	ML
X_3	L	L	L	L	L	X_{20}	L	L	ML	ML	VL
X_4	ML	L	ML	ML	ML	X_{21}	ML	ML	ML	L	M
X_5	L	L	L	L	L	X_{22}	VL	ML	VL	ML	VL
X_6	L	ML	L	ML	VL	X_{23}	VL	M	L	VL	VL
X_7	L	L	ML	ML	VL	X_{24}	ML	ML	ML	L	L
X_8	M	L	ML	ML	L	X_{25}	ML	ML	L	L	ML
X_9	M	ML	ML	ML	L	X_{26}	L	L	L	L	L
X_{10}	ML	ML	ML	L	M	X_{27}	L	L	ML	L	L
X_{11}	ML	L	M	ML	ML	X_{28}	VL	M	L	VL	VL
X_{12}	L	L	L	ML	ML	X_{29}	VL	VL	L	ML	VL
X_{13}	VL	L	L	L	VL	X_{30}	VL	VL	L	ML	VL

续表

编号	专家编号					编号	专家编号				
	E_1	E_2	E_3	E_4	E_5		E_1	E_2	E_3	E_4	E_5
X_{14}	ML	L	M	ML	ML	X_{31}	VL	VL	L	ML	VL
X_{15}	L	ML	L	L	L	X_{32}	L	ML	M	L	ML
X_{16}	VL	VL	L	ML	VL	X_{33}	L	L	ML	L	L
X_{17}	L	L	L	L	VL	X_{34}	L	ML	ML	L	L

3.2.2 计算专家权重

1. 确定主观权重

对专家信息中的职称、学历、工龄、年龄 4 个属性之间的相对偏好进行两两比较，汇总为偏好矩阵 $\boldsymbol{A}$。

$$\boldsymbol{A}=\begin{pmatrix} 1 & 3 & 5 & 7 \\ 1/3 & 1 & 4 & 6 \\ 1/5 & 1/4 & 1 & 3 \\ 1/7 & 1/6 & 1/3 & 1 \end{pmatrix} \tag{3-20}$$

将偏好矩阵 $\boldsymbol{A}$ 代入式(1-26)中，求解得到各属性的相对权重见表 3-7。

表 3-7 专家属性权重

属性	权重	属性	权重
职称	0.546 5	学历	0.139 5
工龄	0.244 2	年龄	0.069 8

按照表 3-3 中的专家属性得分规则对 5 位专家的基本情况进行打分，运用式(3-1)计算每一位专家的加权得分，经过归一化之后形成专家主观权重，见表 3-8。

表 3-8 专家主观权重

专家编号	属性得分				加权得分	主观权重 ω^s
	职称	工龄	学历	年龄		
E_1	5	5	5	4	4.930 2	0.268 5
E_2	4	4	5	4	4.139 5	0.225 5
E_3	3	4	4	4	4.616 3	0.251 4
E_4	2	3	4	2	2.523 2	0.137 4
E_5	1	4	3	3	2.151 2	0.117 2

2. 确定客观权重

根据表 3-6 中收集到的专家意见，通过式（3-2）至式（3-4）计算各专家意见序列的灰关联度，根据范数灰关联度方法，通过式（3-5）至式（3-9）解得各专家的范数灰关联度，见表 3-9。

表 3-9　范数灰关联度

专家编号	E_1	E_2	E_3	E_4	E_5
E_1	—	0.466 4	0.476 6	0.537 3	0.635 3
E_2	0.543 3	—	0.557 0	0.428 7	0.554 4
E_3	0.519 3	0.559 5	—	0.519 2	0.483 8
E4	0.573 9	0.406 7	0.499 7	—	0.580 1
E5	0.640 8	0.488 9	0.470 3	0.547 4	—

加权获得各专家的群范数灰关联度分数运用式（3-10）归一化为专家客观权重，见表 3-10。

表 3-10　专家客观权重

专家编号	E_1	E^2	E_3	E_4	E_5
群范数灰关联度 δ_j	0.528 9	0.520 8	0.520 4	0.515 1	0.536 9
客观权重 ω^o	0.201 7	0.198 6	0.198 5	0.196 5	0.204 7

3. 确定最终权重

根据式（3-11）至式（3-13），对上文得到的主客观权重进行二次优化，求解模型（M-1）获得最终权重，见表 3-11。

表 3-11　专家最终权重

专家编号	主观权重 ω^s	客观权重 ω^o	最终权重 ω
E_1	0.268 5	0.201 7	0.269 4
E_2	0.225 5	0.198 6	0.215 5
E_3	0.251 4	0.198 5	0.245 8
E_4	0.137 4	0.196 5	0.134 0
E_5	0.117 2	0.204 7	0.135 4

3.2.3　聚合专家意见

依照转化规则，将收集到的专家意见转化为对应的梯形毕达哥拉斯模糊数，运用 PTFEHG 算子，实现专家权重的聚合。根据式（3-17）至式（3-19）将聚合后的专家意见模糊数进行反模糊化，得到基本事件的模糊可能性分数（FPS）以及模糊失效率（FFR），计算结果见表3-12。

表3-12 基本事件失效概率

编号	毕达哥拉斯模糊数	质心法	FFR	排序
X_1	([0,0.201 5,0.408 5,0.514 0];0.751 5,0.375 6)	0.277 6	$6.838\,6\times10^{-4}$	3
X_2	([0,0.175 7,0.381 3,0.487 9];0.746 8,0.365 1)	0.258 9	$5.405\,4\times10^{-4}$	4
X_3	([0,0.049 5,0.199 0,0.298 8];0.700 3,0.300 5)	0.138 2	$5.822\,7\times10^{-5}$	19
X_4	([0,0.156 9,0.352 5,0.455 1];0.780 2,0.398 8)	0.239 3	$4.138\,7\times10^{-4}$	10
X_5	([0,0.049 5,0.199 0,0.298 8];0.700 3,0.300 5)	0.138 2	$5.822\,7\times10^{-5}$	20
X_6	([0,0,0.196 4,0.291 5];0.740 5,0.333 3)	0.123 5	$3.785\,1\times10^{-5}$	25
X_7	([0,0,0.201 3,0.296 8];0.743 6,0.337 1)	0.126 1	$4.097\,6\times10^{-5}$	23
X_8	([0,0.156 8,0.358 9,0.466 8];0.732 6,0.368 8)	0.244 0	$4.422\,0\times10^{-4}$	9
X_9	([0,0.176 9,0.379 4,0.483 6];0.768 6,0.379 1)	0.257 5	$5.306\,6\times10^{-4}$	5
X_{10}	([0,0.168 6,0.368 8,0.472 2];0.775 4,0.382 8)	0.250 2	$4.814\,7\times10^{-4}$	6
X_{11}	([0,0.203 3,0.410 0,0.516 0];0.743 8,0.380 9)	0.278 9	$6.944\,1\times10^{-4}$	1
X_{12}	([0,0.068 6,0.234 2,0.337 0];0.724 9,0.326 9)	0.160 9	$1.022\,6\times10^{-4}$	18
X_{13}	([0,0,0.129 4,0.212 5];0.700 3,0.300 5)	0.087 1	$9.230\,1\times10^{-6}$	27
X_{14}	([0,0.203 3,0.410 0,0.516 0];0.743 8,0.380 9)	0.278 9	$6.944\,1\times10^{-4}$	2
X_{15}	([0,0.077 9,0.249 6,0.353 2];0.732 4,0.336 6)	0.170 9	$1.273\,5\times10^{-4}$	17
X_{16}	([0,0,0.094 1,0.164 8];0.705 5,0.310 6)	0.066 3	$2.784\,1\times10^{-6}$	30
X_{17}	([0,0,0.159 4,0.250 6];0.700 3,0.300 5)	0.104 2	$1.932\,9\times10^{-5}$	26
X_{18}	([0,0.049 5,0.199 0,0.298 8];0.700 3,0.300 5)	0.138 2	$5.822\,7\times10^{-5}$	21
X_{19}	([0,0.109 6,0.294 9,0.399 2];0.755 5,0.372 0)	0.200 8	$2.254\,8\times10^{-4}$	14
X_{20}	([0,0,0.201 3,0.296 8];0.743 6,0.337 1)	0.126 1	$4.097\,6\times10^{-5}$	24
X_{21}	([0,0.168 6,0.368 8,0.472 2];0.775 4,0.382 8)	0.250 2	$4.814\,7\times10^{-4}$	7
X_{22}	([0,0,0.049 5,0.099 3];0.700 3,0.300 5)	0.038 6	$1.902\,0\times10^{-7}$	34
X_{23}	([0,0,0.126 1,0.206 5];0.721 5,0.295 4)	0.084 8	$8.212\,9\times10^{-6}$	28
X_{24}	([0,0.143 7,0.338 9,0.442 5];0.775 2,0.379 7)	0.230 0	$3.610\,2\times10^{-4}$	11
X_{25}	([0,0.129 1,0.320 8,0.424 8];0.767 4,0.377 0)	0.217 9	$2.999\,2\times10^{-4}$	12
X_{26}	([0,0.049 5,0.199 0,0.298 8];0.700 3,0.300 5)	0.138 2	$5.822\,7\times10^{-5}$	22
X_{27}	([0,0.080 6,0.253 5,0.357 2];0.733 6,0.342 7)	0.173 5	$1.343\,6\times10^{-4}$	15
X_{28}	([0,0,0.126 1,0.206 5];0.721 5,0.295 4)	0.084 8	$8.212\,9\times10^{-6}$	29
X_{29}	([0,0,0.094 1,0.164 8];0.705 5,0.310 6)	0.066 3	$2.784\,1\times10^{-6}$	31
X_{30}	([0,0,0.094 1,0.164 8];0.705 5,0.310 6)	0.066 3	$2.784\,1\times10^{-6}$	32
X_{31}	([0,0,0.094 1,0.164 8];0.705 5,0.310 6)	0.066 3	$2.784\,1\times10^{-6}$	33
X_{32}	([0,0.158 8,0.362 5,0.470 1];0.740 6,0.357 7)	0.246 2	$4.556\,6\times10^{-4}$	8
X_{33}	([0,0.080 6,0.253 5,0.357 2];0.733 6,0.342 7)	0.173 5	$1.343\,6\times10^{-4}$	16
X_{34}	([0,0.116 6,0.305 3,0.409 7];0.760 6,0.365 6)	0.207 5	$2.532\,6\times10^{-4}$	13

为了能够更加精确地体现风险概率的变化情况，对各风险源的风险概率进行对数化处理，汇总结果如图 3-4 所示。由图表可知，在 FPSO 火灾爆炸事故风险分析中，过度劳累（X_{11}）、信号执行元件故障（X_{14}）、撞击（X_1）、海况载荷（X_2）、控制开关失效（X_9）等基本事件的失效概率较高，在 FPSO 的日常安全管理中需要着重关注。

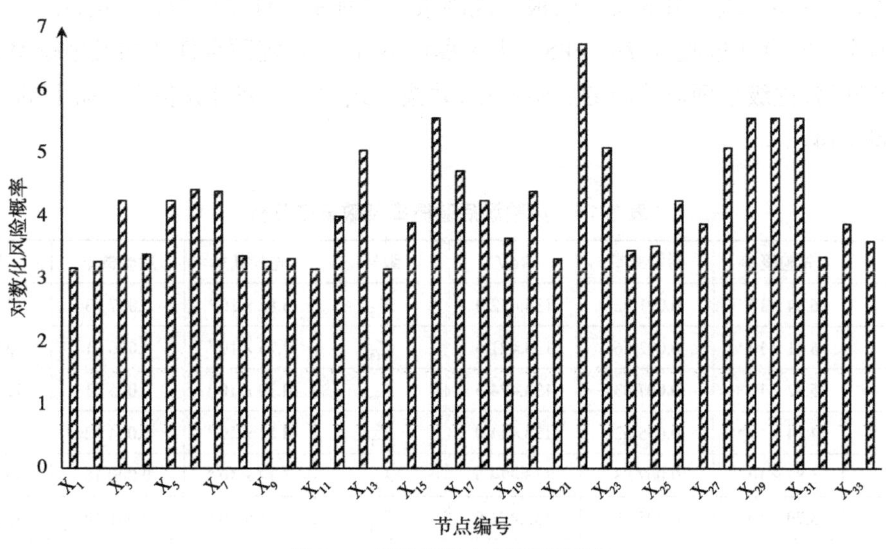

图 3-4　风险源失效概率柱形图

3.2.4　贝叶斯网络定量计算

将表 3-12 中的先验概率代入图 3-3 中的贝叶斯网络模型，可以计算各个风险节点的风险概率值，汇总见表 3-13。

表 3-13　中间事件及顶事件风险概率值

编号	概率	编号	概率
M_1	0.001 224	M_{11}	0.000 846
M_2	0.000 530	M_{12}	0.000 523
M_3	0.000 521	M_{13}	0.000 369
M_4	0.001 012	M_{14}	0.000 145
M_5	0.000 797	M_{15}	0.000 843
M_6	0.000 831	T_1	0.002 274
M_7	0.000 306	T_2	0.002 637
M_8	0.000 892	T_3	0.001 197
M_9	0.000 358	T_4	0.001 352
M_{10}	0.000 148	T	0.007 440

根据贝叶斯网络计算结果可以得到整个 FPSO 火灾爆炸事故风险分析系统以及重要子

系统的风险概率值。由表 3-13 可以看出,气体泄漏(T_1)、泄露识别系统故障(T_2)、应急系统故障(T_3)、火源(T_4)的风险概率较高。因此,需要重视对 FPSO 火灾爆炸事故的风险隐患排查,加强安全管理。

贝叶斯网络具有强大的反向诊断功能,可以通过导入证据信息,来进行整个网络系统的反向推理,寻找导致风险事故发生的最可能因素。这种基于证据更新得到的风险概率被称为后验概率。本章通过假定发生 FPSO 火灾爆炸事故,即设定顶事件 T 的发生概率为 1,通过贝叶斯网络,逐级推理风险源的后验概率,并按照式(1-15)来计算各个风险源的敏感度,汇总见表 3-14。

表 3-14 风险源后验概率及敏感度分析

编号	先验概率	后验概率	RoV	编号	先验概率	后验概率	RoV
X_1	6.84×10^{-4}	0.091 92	133.412 9	X_{18}	5.82×10^{-5}	0.007 83	133.474 5
X_2	5.41×10^{-4}	0.072 66	133.421 6	X_{19}	2.25×10^{-4}	0.030 31	133.424 8
X_3	5.82×10^{-5}	0.007 83	133.474 5	X_{20}	4.10×10^{-5}	0.005 51	133.468 2
X_4	4.14×10^{-4}	0.055 63	133.414 0	X_{21}	4.81×10^{-4}	0.064 72	133.422 8
X_5	5.82×10^{-5}	0.007 83	133.474 5	X_{22}	1.17×10^{-6}	0.000 16	135.789 0
X_6	3.79×10^{-5}	0.005 09	133.473 8	X_{23}	8.21×10^{-6}	0.001 10	132.935 0
X_7	4.10×10^{-5}	0.005 51	133.468 2	X_{24}	3.61×10^{-4}	0.048 53	133.423 3
X_8	4.42×10^{-4}	0.059 44	133.418 0	X_{25}	3.00×10^{-4}	0.040 31	133.402 0
X_9	5.31×10^{-4}	0.071 33	133.417 3	X_{26}	5.82×10^{-5}	0.007 83	133.474 5
X_{10}	4.81×10^{-4}	0.064 72	133.422 8	X_{27}	1.34×10^{-4}	0.018 06	133.411 4
X_{11}	6.94×10^{-4}	0.093 34	133.416 0	X_{28}	8.21×10^{-6}	0.001 10	132.935 0
X_{12}	1.02×10^{-4}	0.013 75	133.454 8	X_{29}	2.78×10^{-6}	0.000 37	131.897 2
X_{13}	9.23×10^{-6}	0.001 24	133.343 7	X_{30}	2.78×10^{-6}	0.000 37	131.897 2
X_{14}	6.94×10^{-4}	0.093 34	133.416 0	X_{31}	2.78×10^{-6}	0.000 37	131.897 2
X_{15}	1.27×10^{-4}	0.017 12	133.437 1	X_{32}	4.56×10^{-4}	0.061 25	133.420 6
X_{16}	2.78×10^{-6}	0.000 37	131.897 2	X_{33}	1.34×10^{-4}	0.018 06	133.411 4
X_{17}	1.93×10^{-5}	0.002 60	133.512 9	X_{34}	2.53×10^{-4}	0.034 04	133.404 9

从表 3-14 中可以看出,当发生 FPSO 火灾爆炸事故时,最有可能出现失效的风险源包括过度劳累(X_{11})、信号执行元件故障(X_{14})、撞击(X_1)、海况载荷(X_2)、控制开关失效(X_9)、与先验概率最高的风险源相同。因此,在实际 FPSO 火灾爆炸事故的安全管理中,需要对以上风险源高度重视。

经过敏感性分析,可以看出在所有风险源中,RoV 指数最高的几个风险源分别是控制阀变形(X_{22})、控制器损坏(X_{17})、材料老化(X_3)、安装错误(X_5)、断电(X_{18})、闪电(X_{26})。说明在进行 FPSO 火灾爆炸事故风险分析的时候,以上风险源的概率变化对于整个系统的状态影响较大,在实际的工程安全管理中应尽可能避免以上节点的状态扰动。

3.3 结论

本章基于毕达哥拉斯模糊集与贝叶斯网络，提出了 FPSO 火灾爆炸事故的风险概率定量计算模型。首先，针对 FPSO 实际工程中可能发生火灾爆炸事故的中间事件与风险源进行梳理，构造了贝叶斯网络拓扑结构；其次，基于毕达哥拉斯模糊集理论对专家评语进行定量转化与集成，结合主客观权重赋权法计算先验概率；最后，结合贝叶斯网络模型，对 FPSO 火灾爆炸事故的风险概率进行计算。本书通过论证筛选出重要的风险源，具体结论如下。

(1)基于偏好比率法和灰关联权重法计算专家意见的主客观权重，并基于投票模型，对专家意见中的犹豫度进行量化，使得最终聚合结果能够更全面客观地反映专家组的评价意见，提高结果的科学性。

(2)在 FPSO 火灾爆炸事故中，过度劳累(X_{11})、信号执行元件故障(X_{14})、撞击(X_1)、海况载荷(X_2)、控制开关失效(X_9)等风险源的先验与后验概率均较高，说明以上节点在整个系统中的失效风险较大，应当重点关注。

(3)经过敏感性分析可以发现，控制阀变形(X_{22})、控制器损坏(X_{17})、材料老化(X_3)、安装错误(X_5)、断电(X_{18})、闪电(X_{26})等风险源的敏感性较高，对顶事件的概率影响较大。

第 4 章　基于区间值直觉模糊粗糙数和 PROMETHEE Ⅱ的海底管线系统失效风险排序

海底管线系统在各种因素的影响下存在多种失效模式，会导致管线系统失效而发生油气泄漏事故。针对这一问题，本章将 ExpTODIM 方法与 PROMETHEE Ⅱ方法相结合，提出了基于 PROMETHEE Ⅱ的失效模式与影响分析（FMEA）方法。首先，建立海底管线系统失效模式的两级层次结构；其次，收集专家意见并转化为区间值直觉模糊粗糙数（IVIFRN）；最后，通过 ExpTODIM 方法与 PROMETHEE Ⅱ方法实现二级失效模式风险排序，并基于模糊综合评价方法实现风险综合分析。

4.1　海底管线系统失效风险排序流程

本章提出的风险排序方法的主要流程如图 4-1 所示。

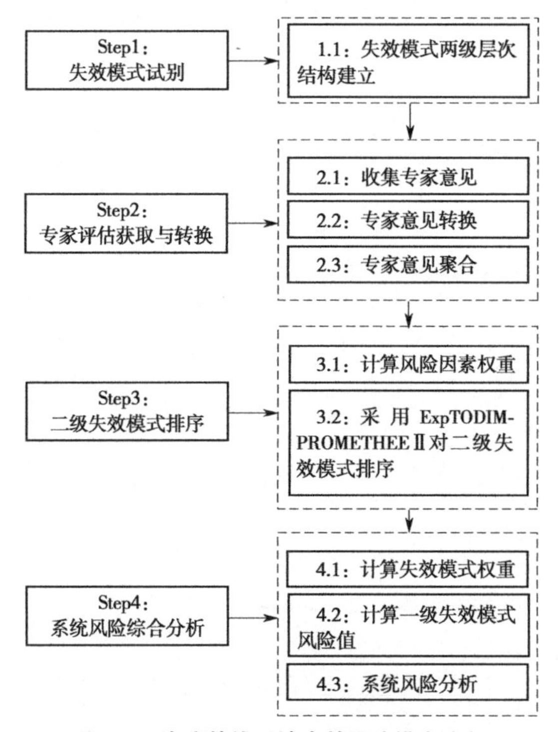

图 4-1　海底管线系统失效风险排序流程

4.1.1 海底管线系统失效模式识别

与陆上管道相比,海底管道具有更高的运行风险和故障概率,这与其恶劣的工作环境密切相关。在海底运行的管道不仅会受到波浪、海流和潮汐等的影响,还会面临坠物、渔网碰撞和拖拽的风险。基于国内外的相关记录和研究,可以将海底管线系统风险的主要失效模式划分为腐蚀、结构缺陷、第三方破坏、自然灾害及悬跨和疲劳 5 个部分。基于这 5 个一级失效模式,可进一步识别 21 个二级失效模式,建立两级失效模式层次结构,如图 4-2 所示。

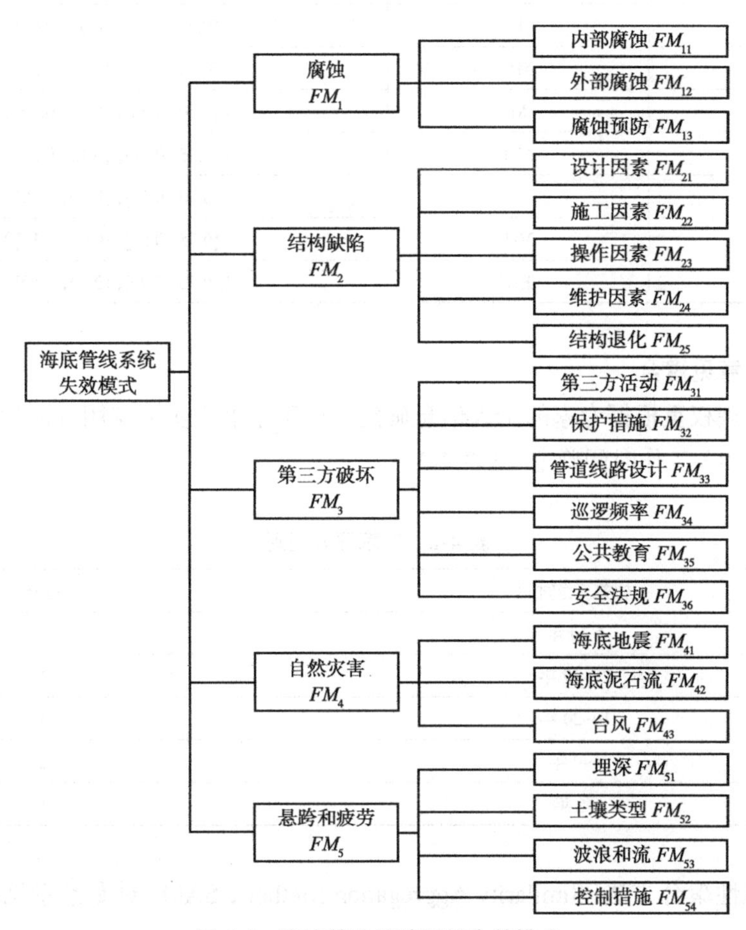

图 4-2　海底管线系统两级失效模式

4.1.2 专家评估获取与转换

4.1.2.1 收集专家意见

根据图 4-2 中提出的海底管线系统失效模式收集专家意见,考虑的风险因素包括发生度(Occurrence, O)、严重度(Severity, S)、检测度(Detection, D)和可维护性(Maintenance, M)。根据失效模式、风险因素及区间值直觉模糊粗糙数理论收集专家意见。

4.1.2.2 专家意见转换

首先,需要将用于专家评价的语言变量转化为相应的区间值直觉模糊数(IVIFN),对应关系见表 4-1;然后,根据式(1-46)至式(1-50),将 IVIFN 进一步转化为区间值直觉模糊粗糙数(IVIFRN)。

表 4-1 语言变量与 IVIFN 之间的对应关系

语言变量	符号	对应的 IVIFN
极低	EL	([0.10, 0.10], [0.90, 0.90])
很低	VL	([0.15, 0.20], [0.60, 0.75])
低	L	([0.25, 0.35], [0.50, 0.60])
较低	ML	([0.35, 0.45], [0.40, 0.55])
中等	M	([0.50, 0.50], [0.50, 0.50])
较高	MH	([0.45, 0.60], [0.15, 0.25])
高	H	([0.60, 0.75], [0.10, 0.20])
很高	VH	([0.75, 0.85], [0.05, 0.15])
极高	EH	([0.90, 0.90], [0.10, 0.10])

4.1.2.3 专家意见聚合

专家的主观权重根据专家的个人信息确定。由于本书为实际应用方面的研究,主观权重根据专家的相关工作时间确定,见表 4-2。

表 4-2 专家评分规则

相关工作时间	得分
⩾30 年	5
20~29 年	4
10~20 年	3
6~9 年	2
⩽5 年	1

采用相似性聚合方法(Similarity Aggregation Method, SAM)对专家意见进行聚合,主要步骤如下。

(1)根据式(1-50),专家意见转换得到的区间值直觉模糊粗糙数 $IR(Y_t)$ 表示为 $([\chi_t',\psi_t'],[\gamma_t',\kappa_t'])$ Y_t表示第t个专家的意见,根据式(1-52),专家u与专家v意见的相似性函数$S(IR(Y_u),IR(Y_v))$可以定义为

$$S(IR(Y_u),IR(Y_v))=1-\sqrt{\frac{1}{4}[(\chi_u'-\chi_v')^2+(\psi_u'-\psi_v')^2+(\gamma_u'-\gamma_v')^2+(\kappa_u'-\kappa_v')^2]} \quad (4\text{-}1)$$

其中,$S(IR(Y_u),IR(Y_v))\in[0,1]$。

（2）计算专家E_u的加权一致度$WA(E_u)$：

$$WA(E_u)=\frac{\sum_{v=1,v\neq u}^{N}W(E_v)\cdot S(IR(Y_u),IR(Y_v))}{\sum_{v=1,v\neq u}^{N}W(E_v)} \tag{4-2}$$

其中，$W(E_v)$为专家E_u的客观权重。

（3）计算专家E_u的相对一致度$RA(E_u)$：

$$RA(E_u)=\frac{WA(E_u)}{\sum_{u=1}^{M}WA(E_u)} \tag{4-3}$$

（4）计算专家E_u的共识系数（Consensus Coefficient）CC：

$$CC(E_u)=\beta\cdot W(E_u)+(1-\beta)\cdot RA(E_u) \tag{4-4}$$

其中，β为比例系数，取$\beta=0.5$。

（5）基于式（1-53），专家意见的聚合结果可以计算为

$$\begin{aligned}\text{IVIFRWA}_{\omega}(Y_1,Y_2,\cdots,Y_M)&=\sum_{j=1}^{n}CC_jIR(Y_j)\\&=\left([1-\prod_{j=1}^{M}(1-\chi'_j)^{CC_j},1-\prod_{j=1}^{M}(1-\psi'_j)^{CC_j}],[\prod_{j=1}^{M}\gamma_j'^{CC_j},\prod_{j=1}^{M}\kappa_j'^{CC_j}]\right)\end{aligned} \tag{4-5}$$

4.1.3　二级失效模式排序

4.1.3.1　计算风险因素权重

本节将最大偏差法（Deviation Maximization Method，DMM）推广到 IVIFRN 环境中，来计算风险因素权重。

（1）收集专家意见，建立决策矩阵。基于改进的 IVIFRN 理论，专家们对 4 个风险因素（O、S、D 和 M）的重要性进行评估。其中，令由专家$e_k(k=1,2,\cdots,l)$确定的风险因素的主观权重向量为$\tilde{\omega}^{Sk}=(\tilde{\omega}_j^{Sk})_{1\times n}$。

（2）聚合专家意见，确定风险因素的主观权重向量。通过 IVIFRWG 算子聚合专家意见，得到最终决策矩阵$\tilde{\omega}^{S}=(\tilde{a}_j)_{1\times n}$，然后对聚合后的 IVIFRN 进行反模糊化，最后，计算出风险因素的主观权重向量$\omega^{S}=(\omega_j^{S})_{1\times n}$：

$$\omega_j^S=\frac{D(IR(Y_j))}{\sum_{j=1}^{n}D(IR(Y_j))} \tag{4-6}$$

其中，$D(IR(Y_j))$为$IR(Y_j)$的去模糊化结果。

（3）构建综合偏差。如果所有二级失效模式的风险评价信息在某一风险因素中几乎没有差异，则此风险因素的重要性和作用较小，反之则起到重要作用。根据这种逻辑，可以定义一个基于 Minkowski 距离的综合偏差$D(\omega^{O})$来描述偏差：

$$D(\boldsymbol{\omega}^{\mathrm{O}})=\frac{1}{m-1}\sum_{j=1}^{n}\sum_{i=1}^{m}\sum_{h=1,h\neq i}^{m}d(IR(Y_{ij}),IR(Y_{hj}))\omega_j^{\mathrm{O}} \tag{4-7}$$

其中，$d(IR(Y_{ij}),IR(Y_{hj}))$ 为二级失效模式 A_i 和 A_h 关于风险因素 RF_j 的评价结果的偏差 $(i,h=1,2,\cdots,m;j=1,2,\cdots n)$，$\boldsymbol{\omega}^{\mathrm{O}}$ 为风险因素的客观权重向量，$\boldsymbol{\omega}^{\mathrm{O}}=(\omega_j^{\mathrm{O}})_{1\times n}$。

在 $D(\boldsymbol{\omega}^{\mathrm{O}})$ 上建立线性规划模型，得到客观权重向量。基于综合偏差最大化原则，建立线性规划：

$$\begin{cases}\max(\boldsymbol{\omega}^{\mathrm{O}})=\dfrac{1}{m-1}\displaystyle\sum_{j=1}^{n}\sum_{i=1}^{m}\sum_{h=1,h\neq i}^{m}d(IR(Y_{ij}),IR(Y_{hj}))\omega_j^{\mathrm{O}}\\ \text{s.t.}\ \displaystyle\sum_{j=1}^{n}\omega_j^{\mathrm{O}^2}=1\quad \omega_j^{\mathrm{O}}\geqslant 0,\ j=1,2,\cdots,n\end{cases} \tag{4-8}$$

通过求解上述线性规划模型，并使结果符合权重向量的特征，可得到风险因素的客观权重向量 $\boldsymbol{\omega}^{\mathrm{O}}=(\omega_j^{\mathrm{O}})_{1\times n}$，其中 ω_j^{O} 的解为

$$\omega_j^{\mathrm{O}}=\frac{\displaystyle\sum_{i=1}^{m}\sum_{h=1}^{m}d(IR(Y_{ij}),IR(Y_{hj}))}{\displaystyle\sum_{j=1}^{n}\sum_{i=1}^{m}\sum_{h=1}^{m}d(IR(Y_{ij}),IR(Y_{hj}))} \tag{4-9}$$

（4）计算综合权重向量 $\boldsymbol{\omega}^{\mathrm{RF}}$。主观权重向量与客观权重向量分别表示为 $\boldsymbol{\omega}^{\mathrm{S}}=(\omega_j^{\mathrm{S}})_{1\times n}$ 和 $\boldsymbol{\omega}^{\mathrm{O}}=(\omega_j^{\mathrm{O}})_{1\times n}$。通过判别信息最小化原理，使综合结果与主客观权重尽可能相近，从而确定综合权重为 $\boldsymbol{\omega}^{\mathrm{RF}}=(\omega_j^{\mathrm{RF}})_{1\times n}$。根据使其与主客观权重差之和最小的原则，目标函数建立为

$$\begin{aligned}\min F&=I\left(\boldsymbol{\omega}^{\mathrm{RF}},\boldsymbol{\omega}^{\mathrm{O}}\right)+I\left(\boldsymbol{\omega}^{\mathrm{RF}},\boldsymbol{\omega}^{\mathrm{S}}\right)\\&=\sum_{j=1}^{n}\boldsymbol{\omega}^{\mathrm{RF}}\ln\frac{\boldsymbol{\omega}^{\mathrm{RF}}}{\boldsymbol{\omega}^{\mathrm{O}}}+\sum_{j=1}^{n}\boldsymbol{\omega}^{\mathrm{RF}}\ln\frac{\boldsymbol{\omega}^{\mathrm{RF}}}{\boldsymbol{\omega}^{\mathrm{S}}}\end{aligned} \tag{4-10}$$

其中，$\sum_{j=1}^{n}\omega_j^{\mathrm{RF}}=1$，且 $\omega_1^{\mathrm{RF}},\omega_2^{\mathrm{RF}},\cdots,\omega_n^{\mathrm{RF}}>0$，解为

$$\omega_j^{\mathrm{RF}}=\frac{\sqrt{\omega_j^{\mathrm{O}}\omega_j^{\mathrm{S}}}}{\displaystyle\sum_{j=1}^{n}\sqrt{\omega_j^{\mathrm{O}}\omega_j^{\mathrm{S}}}} \tag{4-11}$$

4.1.3.2 二级失效模式排序

采用 ExpTODIM-PROMETHEE Ⅱ对二级失效模式排序。

（1）计算每个二级失效模式关于每个风险因素的优势度。对于第 j 个风险因素，$IR(Y_i)$ 相对于 $IR(Y_k)$ 的优势度计算

$$\varphi_j(IR(Y_i),IR(Y_k))=\begin{cases}\omega_j\left(1-10^{-\rho\cdot d(IR(Y_{ij}),IR(Y_{kj}))}\right) & IR(Y_{ij})>IR(Y_{kj})\\ 0 & IR(Y_{ij})=IR(Y_{kj})\\ -\omega_j\lambda\left(1-10^{-\rho\cdot d(IR(Y_{ij}),IR(Y_{kj}))}\right) & IR(Y_{ij})<IR(Y_{kj})\end{cases} \tag{4-12}$$

其中，ω_j 为第 j 个风险因素的权重；ρ 为敏感系数，取 $\rho=3$；λ 为放大系数，取 $\lambda=2.25$。

则二级失效模式 A_i 与 A_k 之间的总体优势度

$$\vartheta(A_i,A_k)=\sum_{j=1}^{n}\varphi_j\left(IR(Y_{ij}),IR(Y_{kj})\right) \tag{4-13}$$

（2）聚合每个二级失效模式的所有优势度。计算 A_i 的流出量 $\varphi^+(A_i)$ 和流入量 $\varphi^-(A_i)$，分别作为它的优势和劣势：

$$\varphi^+(A_i)=\frac{1}{m-1}\sum_{A_k\in A}\vartheta(A_i,A_k) \tag{4-14}$$

$$\varphi^-(A_i)=\frac{1}{m-1}\sum_{A_k\in A}\vartheta(A_k,A_i) \tag{4-15}$$

其中，A 为二级失效模式的集合。

（3）计算综合净流量。A_i 的综合净流量

$$\varphi(A_i)=\varphi^+(A_i)-\varphi^-(A_i) \tag{4-16}$$

则比较方法可以表示为

$$\begin{cases}A_iPA_k & \varphi(A_i)>\varphi(A_k)\\ A_iIA_k & \varphi(A_i)=\varphi(A_k)\end{cases} \tag{4-17}$$

其中，A_iPA_k 表示 A_i 排序高于 A_k；A_iIA_k 表示 A_i 与 A_k 排序相同。

根据式（4-17），得到二级失效模式的排序结果。其中，$\varphi(A_i)$ 的值越大，意味着需要对这种失效模式给予的关注越多。

4.1.4　系统风险综合分析

4.1.4.1　计算失效模式权重

（1）基于层次分析法确定失效模式主观权重。令专家们对失效模式的重要性进行两两比较，各判断矩阵可表示为

$$\boldsymbol{G}=\begin{pmatrix}\omega_1^s/\omega_1^s & \omega_1^s/\omega_2^s & \cdots & \omega_1^s/\omega_m^s\\ \omega_2^s/\omega_1^s & \omega_2^s/\omega_2^s & \cdots & \omega_2^s/\omega_m^s\\ \vdots & \vdots & & \vdots\\ \omega_m^s/\omega_1^s & \omega_m^s/\omega_2^s & \cdots & \omega_m^s/\omega_m^s\end{pmatrix} \tag{4-18}$$

其中，$\boldsymbol{G}$ 为判断矩阵；$\boldsymbol{\lambda}$ 为特征根。通过 1.3.1 节所述步骤求解至观权重，若 $\boldsymbol{G}$ 满足一致性判断条件，则可通过 $\boldsymbol{G\omega}=\boldsymbol{\lambda\omega}$ 得到 $\boldsymbol{\omega}$，并将其转化为权重向量的形式，即为主观权重向量 $\boldsymbol{\omega}^s=(\omega_1^s,\omega_2^s,\cdots,\omega_m^s)$。

（2）基于熵权法确定失效模式客观权重。根据式（1-51）中定义的基于 IVIFRN 指数熵的熵权法确定失效模式的客观权重，具体步骤如下。

①利用专家根据改进的 IVIFRN 理论给出的意见，用式（1-51）计算每种失效模式下所有评价值的指数熵。

②根据熵权法原理，利用指数熵可以确定失效模式的客观权重为

$$\omega_i^o=\frac{1-H_E^i}{m-\sum\limits_{i=1}^{m}H_E^i} \tag{4-19}$$

其中，m为判断矩阵中的失效模式总数。

（3）计算综合权重向量$\boldsymbol{\omega}^{z}$。根据使综合权重与主客观权重差之和最小的原则，$\boldsymbol{\omega}^{z}$按下式计算：

$$\omega_i^{z}=\frac{\sqrt{\omega_i^{o}\omega_i^{s}}}{\sum_{i=1}^{m}\sqrt{\omega_i^{o}\omega_i^{s}}} \tag{4-20}$$

其中，ω_i^{o}、ω_i^{s}分别为第i个失效模式的客观权重和主观权重。

4.1.4.2 计算一级失效模式风险值

将得到的二级失效模式的权重转化为其相对于一级失效模式的权重，利用4.1.2节中得到的二级失效模式的评价汇总结果，采用模糊综合评价方法，对每个一级失效模式下二级失效模式的风险值进行求和，可计算出一级失效模式的风险值

$$\begin{aligned}\boldsymbol{E}^{p}&=\boldsymbol{\omega}^{p}\times IR(\boldsymbol{Y})\\&=(\omega_1^{p},\omega_2^{p},\cdots,\omega_q^{p})\begin{pmatrix}D(IR(Y_{11}^{p})) & D(IR(Y_{12}^{p})) & \cdots & D(IR(Y_{1n}^{p}))\\ D(IR(Y_{21}^{p})) & D(IR(Y_{22}^{p})) & \cdots & D(IR(Y_{2n}^{p}))\\ \vdots & \vdots & & \vdots\\ D(IR(Y_{q1}^{p})) & D(IR(Y_{q2}^{p})) & \cdots & D(IR(Y_{qn}^{p}))\end{pmatrix}\\&=(e_1^{p},e_2^{p},\cdots,e_n^{p})\end{aligned} \tag{4-21}$$

$$R(\boldsymbol{E}^{p})=\sum_{j=1}^{n}\omega_j^{\mathrm{RF}}e_j^{p} \tag{4-22}$$

其中，$R(\boldsymbol{E}^{p})$为第p个一级失效模式的风险值，$p=1,2,\cdots,P$，$P=5$；q为该一级失效模式下包含的二级失效模式的数量；n为风险因素的数量，$n=4$。

4.1.4.3 系统风险分析

评估海底管线系统失效的风险值。采用与步骤4.1.4.2中相同的方法，系统风险值可计算为

$$\boldsymbol{T}=\boldsymbol{\omega}^{t}\times\boldsymbol{E}=(\omega_1^{t},\omega_2^{t},\cdots,\omega_P^{t})\begin{pmatrix}e_1^{1} & e_2^{1} & \cdots & e_n^{1}\\ e_1^{2} & e_2^{2} & \cdots & e_n^{2}\\ \vdots & \vdots & & \vdots\\ e_1^{P} & e_2^{P} & \cdots & e_n^{P}\end{pmatrix}=(t_1,t_2,\cdots,t_n) \tag{4-23}$$

$$R(\boldsymbol{T})=\sum_{j=1}^{n}\omega_j^{\mathrm{RF}}t_j \tag{4-24}$$

其中，$\boldsymbol{\omega}^{t}$同样采用步骤4.1.4.1中的方法计算；$\boldsymbol{E}$为向量$\boldsymbol{E}^{p}$组成的矩阵，$p=1,2,\cdots,P$，$P=5$，$n=4$。

4.2 实例分析

根据提出的新型FMEA模型，以位于中国渤海的某海底管线系统为例进行风险排序与分析。

步骤 1：专家评价信息的获取与转化。三位专家 E_1、E_2、E_3 被邀请根据 IVIFRN 理论，从 O、S、D 和 M 四个风险因素的角度对二级失效模式进行评估。评价结果见表 4-3。

表 4-3　专家评价结果

风险因素	E_1				E_2				E_3			
	O	S	D	M	O	S	D	M	O	S	D	M
FM_{11}	H	H	ML	L	H	MH	ML	L	MH	MH	ML	ML
FM_{12}	VH	M	ML	L	H	M	L	ML	H	MH	ML	ML
FM_{13}	H	MH	M	M	H	MH	ML	ML	H	MH	ML	ML
FM_{21}	H	H	M	M	H	MH	M	M	H	M	M	M
FM_{22}	H	MH	ML	ML	H	MH	ML	ML	MH	MH	ML	ML
FM_{23}	M	MH	L	ML	ML	MH	L	ML	L	M	ML	ML
FM_{24}	M	MH	ML	ML	M	M	ML	ML	M	M	ML	ML
FM_{25}	L	M	L	L	L	MH	L	L	L	ML	L	L
FM_{31}	H	VH	M	MH	H	EH	MH	MH	MH	EH	M	M
FM_{32}	MH	H	ML	M	ML	H	L	ML	M	H	L	ML
FM_{33}	MH	M	ML	ML	M	MH	ML	M	M	MH	ML	ML
FM_{34}	M	MH	M	M	M	MH	M	M	ML	M	M	ML
FM_{35}	M	MH	M	M	M	M	ML	M	M	M	ML	ML
FM_{36}	ML	M	ML	ML	M	MH	ML	M	ML	ML	ML	ML
FM_{41}	M	EH	M	M	ML	EH	ML	M	M	VH	M	M
FM_{42}	M	VH	ML	ML	MH	H	ML	M	M	MH	ML	ML
FM_{43}	MH	MH	ML	M	M	MH	ML	M	ML	M	M	ML
FM_{51}	M	M	VL	VL	M	M	VL	VL	ML	ML	L	L
FM_{52}	ML	M	L	VL	MH	ML	VL	L	L	ML	VL	VL
FM_{53}	M	M	L	ML	M	M	ML	ML	M	ML	ML	ML
FM_{54}	L	ML	L	L	L	ML	L	L	ML	ML	L	L

根据表 4-2 中的评分规则，可以确定专家主观权重向量为（4/9，3/9，2/9），然后根据 SAM 可以计算出每个失效模式下的专家客观权重，并根据式（4-5）完成专家意见的聚合。以 FM_{11} 的风险因素 O 为例，阶段 1 的完整计算过程见表 4-4。其他失效模式的各个风险因素的计算过程与之相同。完整的聚合结果见表 4-5。

表 4-4　阶段 1 完整计算过程示例

专家意见	E_1	E_2	E_3
	H	H	MH
转化为相应的 IVIFN	([0.60, 0.75], [0.10, 0.20])	([0.60, 0.75], [0.10, 0.20])	([0.45, 0.60], [0.15, 0.25])

续表

下限	([0.55, 0.70], [0.11, 0.22])	([0.55, 0.70], [0.11, 0.22])	([0.45, 0.60], [0.15, 0.25])
上限	([0.60, 0.75], [0.10, 0.20])	([0.60, 0.75], [0.10, 0.20])	([0.55, 0.70], [0.11, 0.22])
转化为相应的 IVIFRN	([0.58, 0.73], [0.11, 0.21])	([0.58, 0.73], [0.11, 0.21])	([0.50, 0.65], [0.13, 0.23])
主观专家权重	4/9	3/9	2/9
客观专家权重	0.336 8	0.338 0	0.325 2
CC	0.390 6	0.335 7	0.273 7
聚合结果	([0.555 7, 0.706 2],[0.114 1, 0.214 6])		

将专家 E_1 的意见转化为相应的改进 IVIFRN 的过程说明如下。

由于 E_2 和 E_2 给出的评价结果为 0.6 和 0.45，改进的 IVIFRN 下限和上限为

$$\underline{\mathrm{Lim}}(Y_t)=\left([\frac{1}{3}\times(0.6+0.6+0.45),\frac{1}{3}\times(0.75+0.75+0.6)],[\sqrt[3]{0.1\times0.1\times0.15},\sqrt[3]{0.2\times0.2\times0.25}]\right)$$
$$=([0.55,0.70],[0.11,0.22])$$

$$\overline{\mathrm{Lim}}(Y_t)=\left([\frac{1}{2}\times(0.6+0.6),\frac{1}{2}\times(0.75+0.75)],[\sqrt[2]{0.1\times0.1},\sqrt[2]{0.2\times0.2}]\right)=([0.60,0.75],[0.10,0.20])$$

转化为相应的 IVIFRN：

$$IR(Y_1)=([(0.55+0.6)/2,(0.7+0.75)/2],[(0.1145+0.1)/2,(0.2154+0.2)/2])$$
$$=([0.5750,0.7250],[0.1072,0.2077])$$

专家权重计算过程说明如下。

$$S(IR(Y_1),IR(Y_2))=1-\sqrt{\frac{1}{4}[(0.58-0.58)^2+(0.73-0.73)^2+(0.11-0.11)^2+(0.21-0.21)^2]}=1$$

$$S(IR(Y_1),IR(Y_3))=1-\sqrt{\frac{1}{4}[(0.58-0.50)^2+(0.73-0.65)^2+(0.11-0.13)^2+(0.21-0.23)^2]}=0.944\,1$$

$$S(IR(Y_2),IR(Y_3))=1-\sqrt{\frac{1}{4}[(0.58-0.50)^2+(0.73-0.65)^2+(0.11-0.13)^2+(0.21-0.23)^2]}=0.944\,1$$

$$WA(E_1)\frac{W(E_2)\times S(IR(Y_1),IR(Y_2))+W(E_3)\times S(IR(Y_1),IR(Y_3))}{W(E_2)+W(E_3)}=\frac{(3/9)\times1+(2/9)\times0.944\,1}{(3/9)+(2/9)}=0.977\,6$$

$$WA(E_2)\frac{W(E_1)\times S(IR(Y_1),IR(Y_2))+W(E_3)\times S(IR(Y_2),IR(Y_3))}{W(E_1)+W(E_3)}=\frac{(4/9)\times1+(2/9)\times0.944\,1}{(4/9)+(2/9)}=0.981\,4$$

$$WA(E_3)\frac{W(E_3)\times S(IR(Y_1),IR(Y_3))+W(E_2)\times S(IR(Y_2),IR(Y_3))}{W(E_1)+W(E_2)}=\frac{(4/9)\times0.944\,1+(3/9)\times0.944\,1}{(4/9)+(3/9)}=0.944\,1$$

$RA(E_1)=0.336\,8$，$RA(E_2)=0.338\,0$，$RA(E_1)=0.325\,2$

$CC(E_1)=0.5\times(4/9)+0.5\times0.336\,8=0.390\,6$

$CC(E_2)=0.5\times(3/9)+0.5\times0.338\,0=0.335\,7$

$CC(E_3)=0.5\times(2/9)+0.5\times0.325\,2=0.273\,7$

表 4-5 专家意见聚合结果

	O	S	D	M
FM_{11}	([0.56,0.71],[0.11,0.21])	([0.51,0.66],[0.13,0.23])	([0.35,0.45],[0.40,0.55])	([0.28,0.38],[0.47,0.58])
FM_{12}	([0.66,0.79],[0.08,0.18])	([0.49,0.53],[0.37,0.42])	([0.32,0.42],[0.43,0.57])	([0.31,0.41],[0.44,0.57])
FM_{13}	([0.60,0.75],[0.10,0.20])	([0.45,0.60],[0.15,0.25])	([0.41,0.47],[0.44,0.53])	([0.41,0.47],[0.44,0.53])
FM_{21}	([0.60,0.75],[0.10,0.20])	([0.53,0.63],[0.22,0.30])	([0.50,0.50],[0.50,0.50])	([0.50,0.50],[0.50,0.50])
FM_{22}	([0.56,0.71],[0.11,0.21])	([0.45,0.60],[0.15,0.25])	([0.35,0.45],[0.40,0.55])	([0.35,0.45],[0.40,0.55])
FM_{23}	([0.38,0.44],[0.47,0.55])	([0.47,0.57],[0.24,0.32])	([0.28,0.38],[0.47,0.58])	([0.35,0.45],[0.40,0.55])

续表

	O	S	D	M
FM_{24}	([0.50,0.50],[0.50,0.50])	([0.48,0.54],[0.36,0.40])	([0.35,0.45],[0.40,0.55])	([0.35,0.45],[0.40,0.55])
FM_{25}	([0.25,0.35],[0.50,0.60])	([0.43,0.52],[0.32,0.42])	([0.25,0.35],[0.50,0.60])	([0.25,0.35],[0.50,0.60])
FM_{31}	([0.56,0.71],[0.11,0.21])	([0.85,0.88],[0.08,0.12])	([0.48,0.53],[0.37,0.41])	([0.47,0.57],[0.24,0.32])
FM_{32}	([0.43,0.52],[0.31,0.41])	([0.60,0.75],[0.10,0.20])	([0.29,0.39],[0.46,0.58])	([0.41,0.47],[0.44,0.53])
FM_{33}	([0.48,0.54],[0.36,0.40])	([0.47,0.56],[0.26,0.33])	([0.35,0.45],[0.40,0.55])	([0.40,0.47],[0.43,0.53])
FM_{34}	([0.46,0.48],[0.47,0.52])	([0.47,0.57],[0.24,0.32])	([0.50,0.50],[0.50,0.50])	([0.46,0.48],[0.47,0.52])
FM_{35}	([0.50,0.50],[0.50,0.50])	([0.48,0.54],[0.36,0.40])	([0.41,0.47],[0.44,0.53])	([0.46,0.48],[0.47,0.52])
FM_{36}	([0.40,0.47],[0.43,0.53])	([0.43,0.52],[0.32,0.42])	([0.35,0.45],[0.40,0.55])	([0.40,0.47],[0.43,0.53])
FM_{41}	([0.45,0.48],[0.47,0.52])	([0.86,0.89],[0.08,0.11])	([0.45,0.48],[0.47,0.52])	([0.50,0.50],[0.50,0.50])
FM_{42}	([0.48,0.53],[0.37,0.41])	([0.61,0.74],[0.09,0.20])	([0.35,0.45],[0.40,0.55])	([0.40,0.47],[0.43,0.53])
FM_{43}	([0.43,0.52],[0.31,0.41])	([0.47,0.57],[0.24,0.32])	([0.40,0.47],[0.43,0.53])	([0.46,0.48],[0.47,0.52])
FM_{51}	([0.46,0.48],[0.47,0.52])	([0.46,0.48],[0.47,0.52])	([0.18,0.25],[0.57,0.70])	([0.18,0.25],[0.57,0.70])
FM_{52}	([0.35,0.47],[0.33,0.45])	([0.41,0.47],[0.44,0.53])	([0.19,0.25],[0.56,0.70])	([0.18,0.25],[0.57,0.70])
FM_{53}	([0.50,0.50],[0.50,0.50])	([0.46,0.48],[0.47,0.52])	([0.31,0.41],[0.44,0.57])	([0.35,0.45],[0.40,0.55])
FM_{54}	([0.28,0.38],[0.47,0.58])	([0.35,0.45],[0.40,0.55])	([0.25,0.35],[0.50,0.60])	([0.25,0.35],[0.50,0.60])

步骤 2:二级失效模式排序。

(1)同样基于 IVIFRN 理论,邀请专家对 O、S、D 和 M 四个风险因素的重要性进行评估,计算风险因素的权重,评估结果见表 4-6。在此基础上,可以确定风险因素的主观权重向量为(0.340 1, 0.267 0, 0.166 9, 0.225 9)。

表 4-6　风险因素重要性评价结果

风险因素	E_1	E_2	E_3
O	H	VH	M
S	M	H	ML
D	L	ML	L
M	M	MH	L

O、S、D 和 M 的综合偏差分别为 1.673 4、1.570 2、0.876 4 和 0.961 7。根据式(4-9),可以确定风险因素的客观权重向量为(0.329 3, 0.309 0, 0.172 5, 0.189 2)。最后,根据式(4-11)可以得到风险因素的综合权重向量为(0.335 2, 0.287 7, 0.169 9, 0.207 1)。以风险因素 O 为例,权重计算过程见表 4-7。

表 4-7 风险因素权重计算过程示例

专家意见	E_1	E_2	E_3
	H	VH	M
相应的 IVIFRN	([0.61, 0.71], [0.15, 0.24])	([0.68, 0.78], [0.09, 0.20])	([0.56, 0.60], [0.32, 0.37])
聚合结果	([0.622 3, 0.705 3], [0.171 6, 0.260 9])		
主观权重	0.340 1		
客观权重	0.329 3		
综合权重	0.335 2		

客观权重计算过程如下。

$$D(IR(Y_1))=\frac{1}{20}\sum_{i=1}^{m}\sum_{h=1}^{m}d(IR(Y_{i1}),IR(Y_{h1}))=\frac{1}{20}\times\left[d(IR(Y_{11}),IR(Y_{21}))+d(IR(Y_{11}),IR(Y_{31}))+\cdots+d(IR(Y_{20,1}),IR(Y_{21,1}))\right]$$

$$=\frac{1}{20}\times 31.404\,3=1.673\,4$$

$$\omega_1^{\mathrm{O}}=\frac{1.673\,4}{1.673\,4+1.570\,2+0.876\,4+0.961\,7}=0.329\,3$$

(2)采用 ExpTODIM-PROMETHEE Ⅱ对二级失效模式排序。由式(4-12)和式(4-13)可计算任意两种失效模式之间的总体优势度,仍然以 FM_{11} 为例,结果见表 4-8。

表 4-8 与 FM_{11} 相关的总体优势度结果

FM_{11},FM_k	FM_{11} 与 FM_k 之间的总体优势度	FM_k,FM_{11}	FM_k 与 FM_{11} 之间的总体优势度
FM_{11},FM_{12}	−0.141 0	FM_{12},FM_{11}	−0.351 0
FM_{11},FM_{13}	−0.365 2	FM_{13},FM_{11}	0.031 7
FM_{11},FM_{21}	−0.520 3	FM_{21},FM_{11}	0.050 2
FM_{11},FM_{22}	−0.092 9	FM_{22},FM_{11}	−0.089 4
FM_{11},FM_{23}	0.307 8	FM_{23},FM_{11}	−0.991 0
FM_{11},FM_{24}	0.300 9	FM_{24},FM_{11}	−0.975 3
FM_{11},FM_{25}	0.607 3	FM_{25},FM_{11}	−1.366 4
FM_{11},FM_{31}	−1.074 1	FM_{31},FM_{11}	0.477 4
FM_{11},FM_{32}	−0.165 5	FM_{32},FM_{11}	−0.450 2
FM_{11},FM_{33}	0.173 2	FM_{33},FM_{11}	−0.752 8
FM_{11},FM_{34}	−0.030 7	FM_{34},FM_{11}	−0.714 9
FM_{11},FM_{35}	0.136 0	FM_{35},FM_{11}	−0.902 1
FM_{11},FM_{36}	0.265 8	FM_{36},FM_{11}	−0.961 1
FM_{11},FM_{41}	−0.655 0	FM_{41},FM_{11}	−0.207 5
FM_{11},FM_{42}	−0.225 0	FM_{42},FM_{11}	−0.329 3
FM_{11},FM_{43}	0.042 6	FM_{43},FM_{11}	−0.670 7
FM_{11},FM_{51}	0.744 1	FM_{51},FM_{11}	−1.674 3
FM_{11},FM_{52}	0.721 7	FM_{52},FM_{11}	−1.623 8

续表

FM_{11},FM_k	FM_{11} 与 FM_k 之间的总体优势度	FM_k,FM_{11}	FM_k 与 FM_{11} 之间的总体优势度
FM_{11},FM_{53}	0.378 6	FM_{53},FM_{11}	−1.150 3
FM_{11},FM_{54}	0.649 2	FM_{54},FM_{11}	−1.460 7

（3）可以计算出每种二级失效模式的流出量（Positive outranking flow）$\varphi^+(A_i)$ 和流入量（Negative outranking flow）$\varphi^-(A_i)$，计算结果如图 4-3 所示。

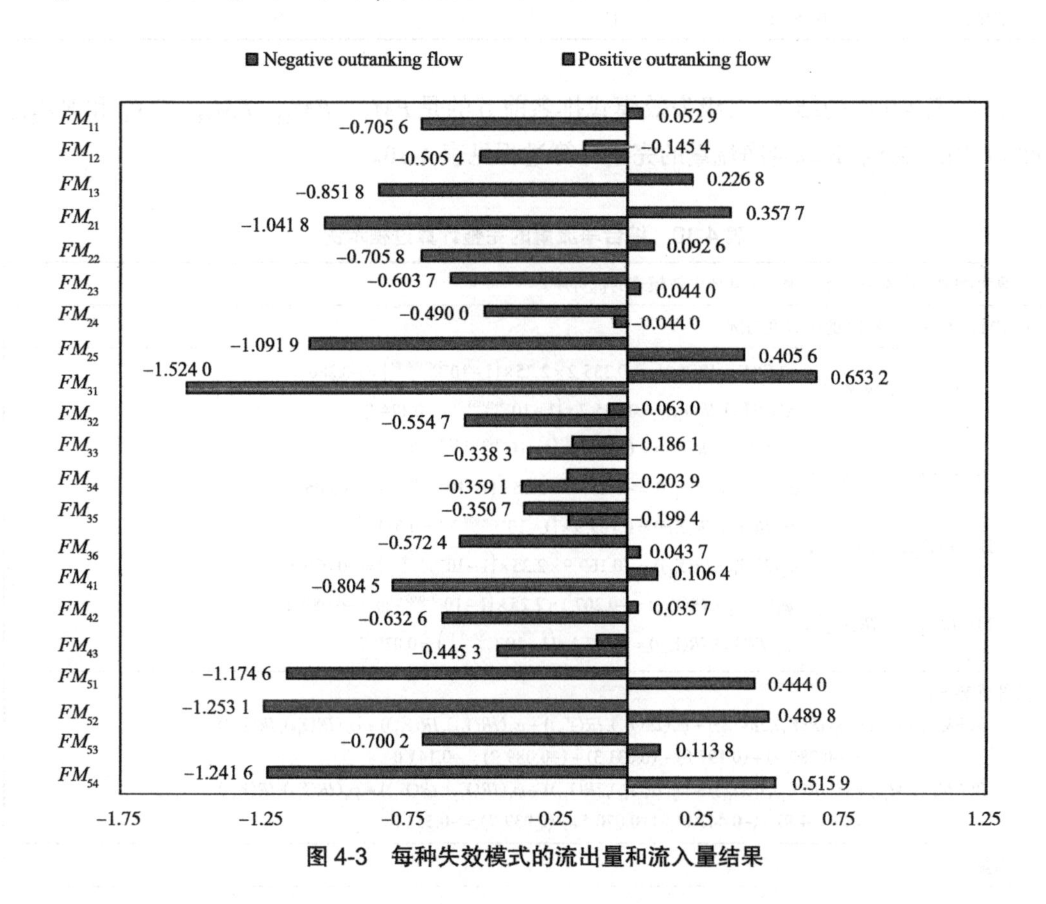

图 4-3　每种失效模式的流出量和流入量结果

（4）根据式（4-16）和式（4-17）可得到各失效模式的综合净流量及排序结果，见表 4-9。

表 4-9　综合净流量及排序结果

失效模式	综合净流量	排序结果	失效模式	综合净流量	排序结果
FM_{11}	0.758 4	6	FM_{34}	0.155 2	11
FM_{12}	0.360 0	9	FM_{35}	−0.151 3	13
FM_{13}	1.078 6	3	FM_{36}	−0.616 0	15
FM_{21}	1.399 5	2	FM_{41}	0.910 9	4
FM_{22}	0.798 4	5	FM_{42}	0.668 3	7

续表

失效模式	综合净流量	排序结果	失效模式	综合净流量	排序结果
FM_{23}	−0.647 6	16	FM_{43}	0.341 2	10
FM_{24}	−0.446 0	14	FM_{51}	−1.618 5	19
FM_{25}	−1.497 6	18	FM_{52}	−1.742 9	20
FM_{31}	2.177 2	1	FM_{53}	−0.814 0	17
FM_{32}	0.491 7	8	FM_{54}	−1.757 5	21
FM_{33}	0.152 2	12	—	—	—

根据表 4-9 中的结果，二级失效模式排名前五的是 FM_{31}、FM_{21}、FM_{13}、FM_{41} 和 FM_{22}。仍然以 FM_{11} 为例，其综合净流量的完整计算过程见表 4-10。

表 4-10　综合净流量的完整计算过程示例

计算每种风险因素下 FM11 相对于其他失效模式的优势度。
以 FM11 相对于 FM12 的优势度为例。
O：$IR(Y_{11,1}) < IR(Y_{12,1})$，$\varphi_1(IR(Y_{11}),IR(Y_{12})) = -0.335\ 2\times 2.25\times\left(1-10^{-3\times 0.068\ 8}\right) = -0.280\ 9$，$\varphi_1(IR(Y_{12}),IR(Y_{11})) = 0.335\ 2\times\left(1-10^{-3\times 0.068\ 8}\right) = 0.124\ 9$ S：$IR(Y_{11,2}) > IR(Y_{12,2})$，$\varphi_2(IR(Y_{11}),IR(Y_{12})) = 0.287\ 7\times\left(1-10^{-3\times 0.165\ 8}\right) = 0.197\ 8$，$\varphi_2(IR(Y_{12}),IR(Y_{11})) = -0.287\ 7\times 2.25\times\left(1-10^{-3\times 0.165\ 8}\right) = -0.445\ 0$ D：$IR(Y_{11,3}) > IR(Y_{12,3})$，$\varphi_3(IR(Y_{11}),IR(Y_{12})) = 0.169\ 9\times\left(1-10^{-3\times 0.029\ 5}\right) = 0.031\ 3$，$\varphi_3(IR(Y_{12}),IR(Y_{11})) = -0.169\ 9\times 2.25\times\left(1-10^{-3\times 0.029\ 5}\right) = -0.070\ 5$ M：$IR(Y_{11,4}) < IR(Y_{12,4})$，$\varphi_4(IR(Y_{11}),IR(Y_{12})) = -0.207\ 1\times 2.25\times\left(1-10^{-3\times 0.030\ 3}\right) = -0.089\ 2$，$\varphi_4(IR(Y_{12}),IR(Y_{11})) = 0.207\ 1\times\left(1-10^{-3\times 0.030\ 3}\right) = 0.039\ 7$
整体优势度： $\vartheta(FM_{11},FM_{12}) = \varphi_1(IR(Y_{11}),IR(Y_{12})) + \varphi_2(IR(Y_{11}),IR(Y_{12})) + \varphi_3(IR(Y_{11}),IR(Y_{12})) + \varphi_4(IR(Y_{11}),IR(Y_{12})) = (-0.280\ 9)+(0.197\ 8)+(0.031\ 3)+(-0.089\ 2) = -0.141\ 0$ $\vartheta(FM_{12},FM_{11}) = \varphi_1(IR(Y_{12}),IR(Y_{11})) + \varphi_2(IR(Y_{12}),IR(Y_{11})) + \varphi_3(IR(Y_{12}),IR(Y_{11})) + \varphi_4(IR(Y_{12}),IR(Y_{11})) = (0.124\ 9)+(-0.445\ 0)+(-0.070\ 5)+(0.039\ 7) = -0.351\ 0$
流出量：
$\varphi^{+}(FM_{11}) = \frac{1}{20}\times\left[\vartheta(FM_{11},FM_{12})+\cdots+\vartheta(FM_{11},FM_{54})\right] = \frac{1}{20}\times\left[(-0.141\ 0)+\cdots+\vartheta(FM_{11},FM_{54})\right] = 0.052\ 9$
流入量： $\varphi^{-}(FM_{11}) = \frac{1}{20}\times\left[\vartheta(FM_{12},FM_{11})+\cdots+\vartheta(FM_{54},FM_{11})\right] = \frac{1}{20}\times\left[(-0.351\ 0)+\cdots+\vartheta(FM_{11},FM_{54})\right] = -0.705\ 6$
FM11 的综合净流量：
$\varphi(FM_{11}) = \varphi^{+}(FM_{11}) - \varphi^{-}(FM_{11}) = 0.052\ 9-(-0.705\ 6) = 0.758\ 4$

步骤 3：海底管线系统风险综合分析。

采用层次分析法，邀请专家用数字 1 到 9 来两两比较失效模式的重要性。以一级失效模式 FM_2 为例，E_1、E_2 和 E_3 三位专家给出的判断矩阵分别为

$$E_1=\begin{pmatrix} 1 & 2 & 1/2 & 2 & 1/3 \\ 1/2 & 1 & 1/3 & 1 & 1/5 \\ 2 & 3 & 1 & 2 & 1/2 \\ 1/2 & 1 & 1/2 & 1 & 1/4 \\ 3 & 5 & 2 & 4 & 1 \end{pmatrix}$$

$$E_2=\begin{pmatrix} 1 & 1 & 1/2 & 2 & 1/3 \\ 1 & 1 & 1/3 & 1 & 1/4 \\ 2 & 3 & 1 & 2 & 1/2 \\ 1/2 & 1 & 1/2 & 1 & 1/5 \\ 3 & 4 & 2 & 5 & 1 \end{pmatrix}$$

$$E_3=\begin{pmatrix} 1 & 3 & 1/2 & 2 & 1/3 \\ 1/3 & 1 & 1/2 & 1 & 1/5 \\ 2 & 2 & 1 & 2 & 1/2 \\ 1/2 & 1 & 1/2 & 1 & 1/5 \\ 3 & 5 & 2 & 5 & 1 \end{pmatrix}$$

由判断矩阵得到的三个主观权重向量分别为(0.15, 0.08, 0.24, 0.10, 0.43)、(0.14, 0.10, 0.24, 0.09, 0.43)和(0.17, 0.08, 0.22, 0.09, 0.44)。基于专家权重向量(0.425, 0.3, 0.275),可以得到主观权重向量为(0.15, 0.09, 0.23, 0.09, 0.43)。类似地,也可以得到一级失效模式 FM_1、FM_3、FM_4、FM_5 和海底管线系统失效的主观权重向量,分别为(0.43, 0.38, 0.19)、(0.19, 0.07, 0.18, 0.21, 0.29, 0.07)、(0.47, 0.28, 0.25)、(0.23, 0.42, 0.12, 0.23)和(0.43, 0.09, 0.29, 0.02, 0.16)。

各失效模式的指数熵结果见表 4-11。

表 4-11　指数熵结果

失效模式	熵值	失效模式	熵值
FM_{11}	0.898 8	FM_{34}	0.986 1
FM_{12}	0.903 7	FM_{35}	0.995 3
FM_{13}	0.907 1	FM_{36}	0.994 7
FM_{21}	0.910 0	FM_{41}	0.853 2
FM_{22}	0.919 6	FM_{42}	0.925 7
FM_{23}	0.973 3	FM_{43}	0.982 4
FM_{24}	0.993 3	FM_{51}	0.913 6
FM_{25}	0.952 4	FM_{52}	0.917 4
FM_{31}	0.785 9	FM_{53}	0.994 1
FM_{32}	0.921 7	FM_{54}	0.959 6
FM_{33}	0.982 5	—	—

根据指数熵结果，利用式（4-19）可以得到一级失效模式FM_1、FM_2、FM_3、FM_4、FM_5和海底管线系统失效的客观权重向量，分别为（0.35，0.33，0.32）、（0.36，0.32，0.11，0.03，0.19）、（0.64，0.23，0.05，0.04，0.01，0.02）、（0.62，0.31，0.07）、（0.40，0.38，0.03，0.19）和（0.22，0.19，0.25，0.18，0.16）。

由式（4-20）可以得到综合权重向量分别为（0.39，0.36，0.25）、（0.26，0.19，0.18，0.06，0.32）、（0.45，0.17，0.13，0.12，0.08，0.04）、（0.56，0.30，0.14）、（0.31，0.41，0.06，0.22）和（0.33，0.14，0.29，0.07，0.17）。通过模糊综合评价法，得到一级失效模式FM_1、FM_2、FM_3、FM_4和FM_5的风险值分别为0.506 3、0.436 9、0.536 3、0.517 5和0.334 1，海底管线系统失效的风险值为0.476 1。

以一级失效模式FM_2为例，阶段3的完整计算过程见表4-12。

表4-12　阶段3的完整计算过程示例

	E_1	E_2	E_3
专家意见	$\begin{pmatrix} 1 & 2 & 1/2 & 2 & 1/3 \\ 1/2 & 1 & 1/3 & 1 & 1/5 \\ 2 & 3 & 1 & 2 & 1/2 \\ 1/2 & 1 & 1/2 & 1 & 1/4 \\ 3 & 5 & 2 & 4 & 1 \end{pmatrix}$	$\begin{pmatrix} 1 & 1 & 1/2 & 2 & 1/3 \\ 1 & 1 & 1/3 & 1 & 1/4 \\ 2 & 3 & 1 & 2 & 1/2 \\ 1/2 & 1 & 1/2 & 1 & 1/5 \\ 3 & 4 & 2 & 5 & 1 \end{pmatrix}$	$\begin{pmatrix} 1 & 3 & 1/2 & 2 & 1/3 \\ 1/3 & 1 & 1/2 & 1 & 1/5 \\ 2 & 2 & 1 & 2 & 1/2 \\ 1/2 & 1 & 1/2 & 1 & 1/5 \\ 3 & 5 & 2 & 5 & 1 \end{pmatrix}$
主观权重	（0.15，0.08，0.24，0.10，0.43）	（0.14，0.10，0.24，0.09，0.43）	（0.17，0.08，0.22，0.09，0.44）
综合主观权重	（0.15，0.09，0.23，0.09，0.43）		

以FM21为例，指数熵的计算过程如下。

$IR(Y_{21,1})=([0.60,0.75],[0.10,0.20])$, $IR(Y_{21,2})=([0.53,0.63],[0.22,0.30])$

$IR(Y_{21,3})=([0.50,0.50],[0.50,0.50])$, $IR(Y_{21,4})=([0.50,0.50],[0.50,0.50])$

$$H_E^{21}=\frac{1}{4\times(\mathrm{e}-1)}\times$$

$$\left\{\begin{aligned}&\left[\frac{0.60+0.75+2-0.10-0.20}{4}\times\mathrm{e}^{\left(1-\frac{0.60+0.75+2-0.10-0.20}{4}\right)}+\left(1-\frac{0.60+0.75+2-0.10-0.20}{4}\right)\times\mathrm{e}^{\frac{0.60+0.75+2-0.10-0.20}{4}}-1\right]\times\left[\frac{0.53+0.63+2-0.22-0.30}{4}\times\mathrm{e}^{\left(1-\frac{0.53+0.63+2-0.22-0.30}{4}\right)}+\left(1-\frac{0.53+0.63+2-0.22-0.30}{4}\right)\times\mathrm{e}^{\frac{0.53+0.63+2-0.22-0.30}{4}}-1\right]\\&\times\left[\frac{0.50+0.50+2-0.50-0.50}{4}\times\mathrm{e}^{\left(1-\frac{0.50+0.50+2-0.50-0.50}{4}\right)}+\left(1-\frac{0.50+0.50+2-0.50-0.50}{4}\right)\times\mathrm{e}^{\frac{0.50+0.50+2-0.50-0.50}{4}}-1\right]\times\left[\frac{0.50+0.50+2-0.50-0.50}{4}\times\mathrm{e}^{\left(1-\frac{0.50+0.50+2-0.50-0.50}{4}\right)}+\left(1-\frac{0.50+0.50+2-0.50-0.50}{4}\right)\times\mathrm{e}^{\frac{0.50+0.50+2-0.50-0.50}{4}}-1\right]\end{aligned}\right\}$$

$$=0.910\ 0$$

$H_E^{22}=0.919\ 6,\ H_E^{23}=0.973\ 3,\ H_E^{24}=0.993\ 3,\ H_E^{25}=0.952\ 4$

$$\omega_{21}^{\mathrm{o}}=\frac{1-0.910\ 0}{5-(0.910\ 0+0.973\ 3+0.993\ 3+0.952\ 4)}=0.358\ 2$$

客观权重	（0.36，0.32，0.11，0.03，0.19）
综合权重	（0.26，0.19，0.18，0.06，0.32）

$R(E^2)=0.335\ 2\times e_1^2+0.287\ 7\times e_2^2+0.169\ 9\times e_3^2+0.207\ 1\times e_3^2=0.436\ 9$

4.3 结果分析

根据表4-9可知，排在前十位的二级失效模式分别为：$FM_{31}> FM_{21}> FM_{13}> FM_{41}> FM_{43}> FM_{42}> FM_{22}> FM_{34}> FM_{32}> FM_{11}$，后五名为：$FM_{54} < FM_{52} < FM_{25} < FM_{51} < FM_{53}$。因此，控制措施（$FM_{54}$）、土壤类型（$FM_{52}$）、结构退化（$FM_{25}$）、埋深（$FM_{51}$）及波浪和流（$FM_{53}$）的风险等级相对较低，对管线系统整体风险等级影响较小。同时，第三方活动（FM_{31}）、设计因素（FM_{21}）、腐蚀预防（FM_{13}）、海底地震（FM_{41}）和台风（FM_{43}）等失效模式具有较高的风险等级，管理者在安全管理中应特别注意这些失效模式。根据事故数据统计结果，认为第三方破坏和腐蚀是最重要的风险因素，分别占38%和36%。同时，材料失效占13%，影响显著，且材料失效与设计因素具有很强的相关性。因此，本书所提方法得到的排序结果与统计结果保持相对一致，验证了所提方法的适用性。

由于二级失效模式的划分比较精细，在很多情况下，一级失效模式的排序结果可以为管理者提供必要的参考。在本例中，一级失效模式的排序结果为：$E_3> E_4> E_1>E_2> E_5$。这说明第三方破坏（E_3）对系统风险等级的威胁最大，这也与排在第一位的二级失效模式第三方活动（FM_{31}）相对应。

4.4 敏感性分析

在专家意见聚合过程中，计算专家权重中的松弛因子β（式（4-4））。为了验证所提方法的鲁棒性，并研究该参数对失效模式排序结果的影响，对该参数进行敏感性分析。由于$0 \leqslant \beta \leqslant 1$，在$\beta=0.1$（S1）、$\beta=0.3$（S2）、$\beta=0.5$（S3）、$\beta=0.7$（S4）和$\beta=0.9$（S5）这5种情景下分别得到二级失效模式的排序结果，如图4-4所示。

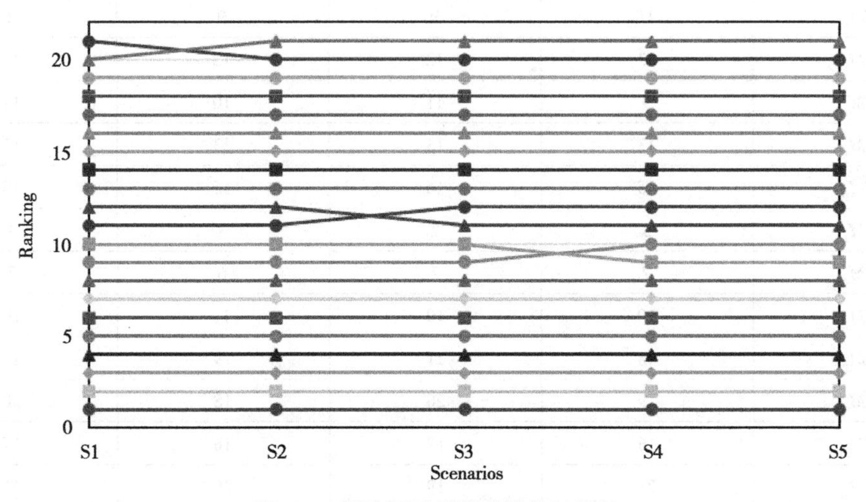

图4-4　松弛因子的敏感性分析结果

根据图4-4可以看出，整体排序结果随着β值的变化产生的变化很小，证明了所得结果具有鲁棒性,且该参数对失效模式排序结果的影响较小。还可以注意到,当β从 0.1 变化到 0.3 时,发生交换的排名是第 20 位和第 21 位,处于相对关键的位置。当β从 0.3 变化到 0.5,和从 0.5 变化到 0.7 时,发生位置交换的排名都在中间。当β从 0.7 变化到 0.9 时,没有发生变化。因此,β的值不宜过小。在实际中,β用于衡量专家个人权重的相对重要性和专家评价意见的相对一致性。为保证结果的准确性,其值不宜过小也不宜过大。因此,在实际应用中,排名结果受到松弛因子β的影响非常小,结果具有较高的鲁棒性。

4.5　对比分析

为了验证案例研究中排序结果的合理性以及所提方法的可靠性和优越性,将所提方法与现有的一些 FMEA 方法进行比较。对比结果如表 4-13 所示。

表 4-13　与其他 FMEA 方法的比较结果

失效模式	传统 FMEA	模糊 TOPSIS	IVPF-MULTIMOORA	所提方法
FM_{11}	5	5	4	6
FM_{12}	8	8	8	9
FM_{13}	4	4	5	3
FM_{21}	2	3	2	2
FM_{22}	6	6	7	5
FM_{23}	17	15	17	16
FM_{24}	14	14	14	14
FM_{25}	20	18	21	18
FM_{31}	1	1	1	1
FM_{32}	11	9	9	8
FM_{33}	12	12	12	12
FM_{34}	9	11	10	11
FM_{35}	13	13	13	13
FM_{36}	15	16	15	15
FM_{41}	3	2	3	4
FM_{42}	7	7	6	7
FM_{43}	10	10	11	10
FM_{51}	18	21	19	19
FM_{52}	19	20	18	20
FM_{53}	16	17	16	17
FM_{54}	21	19	20	21

注:TOPSIS—逼近理想解排序方法,Technique for Order Preference by Similarity to an Ideal Solution;IVPF-MULTIMOORA—区间值毕达哥拉斯模糊全乘比例分析多目标优化,Interval-Valued Pythagorean Fuzzy Multi-Objective Optimization on the Basis of Ratio Analysis Plus Full Multiplicative Form。

从表 4-13 的排名结果来看，4 种方法得出的排序结果的总体趋势是一致的。4 种方法中排在第一的均为 FM_{31}。此外，除了模糊 TOPSIS 方法之外，排在第二位的均为 FM_{21}。通过以上比较，验证了所提方法的可靠性和所得结果的合理性。但 4 种方法得到的排序结果仍然存在一定的差异。例如，四种方法得到的第 3、4、5 和最后两种失效模式都存在差异。针对这些差异，具体分析如下。

首先，采用传统 FMEA 方法进行比较。根据表 4-13 可以看出，有 9 种失效模式的排序结果与所提结果相同，其他的失效模式排序结果存在一定差异。造成这种差异的原因可以从两个角度考虑。第一个原因是传统 FMEA 方法的排名基于 RPN，RPN 是 O、S 和 D 的值的乘积，这种排序方法存在较多缺点。此外，传统 FMEA 方法仅考虑了 O、S 和 D 三个风险因素，且未考虑风险因素的相对重要性。第二个原因是传统 FMEA 方法在收集专家意见时使用的是清晰数，没有考虑每个专家在做出判断时的模糊和犹豫及群体评估的不确定性。

然后，使用基于模糊 TOPSIS 的 FMEA 方法进行比较，TOPSIS 是被广泛应用于比较和验证多准则决策（Multi-Criteria Decision-Making，MCDM）方法之一。根据表 4-13 可知，10 种失效模式的排序结果与所提方法相同，同样其他失效模式的排序结果存在一定差异。基于 TOPSIS 的方法较传统 FEMA 方法更加合理。但是，基于 TOPSIS 的 FMEA 方法仍然没有考虑风险因素的相对重要性。此外，该方法在模型中引入了模糊理论，考虑到了个体判断的模糊性，但未考虑到群体评价的不确定性。

最后，使用基于 IVPF-MULTMOORA 的 FMEA 方法进行比较。由表 4-13 可以看出，有 6 种失效模式的排序结果与所提方法相同，其他的失效模式的排序结果存在差异。在这个比较模型中，考虑了风险因素的相对重要性，但仅考虑了 O、S 和 D 三个风险因素，具有一定的局限性。同样，所采用的模糊方法进一步加强了对个体判断的模糊性的考虑，但仍然没有考虑到群体评估的不确定性。

4.6　结论

本章提出了一种基于 IVIFRN 和 ExpTODIM-PROMETHEE Ⅱ的 FMEA 方法，并将其应用于海底管线系统的风险排序与分析中，主要结论如下。

（1）所提方法采用基于前景理论的 ExpTODIM 方法计算各失效模式的综合评价值，然后使用 PROMTHEE-Ⅱ方法对每种失效模式进行排序。这两种方法的结合充分发挥了它们的优势，有助于获得更准确的排序结果。

（2）在考虑风险因素时，除了传统 FMEA 中 O、S 和 D 三个风险因素之外，所提方法还考虑了 M，使风险分析过程更加全面。

（3）所提方法基于 IVIFRN 理论来收集专家意见。IVIFRN 理论通过模糊方法考虑个体的模糊性和犹豫性，并在此基础上增加了对整个群体评价结果的考虑，可以有效减少极端意见或专家权重导致的不正确结果，提高结果的准确性。

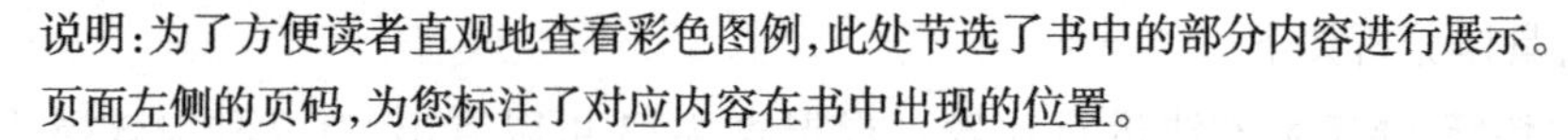

本章部分图例

说明：为了方便读者直观地查看彩色图例，此处节选了书中的部分内容进行展示。页面左侧的页码，为您标注了对应内容在书中出现的位置。

第 5 章　基于 FDHHFLTS-贝叶斯网络的海底管线系统泄漏失效风险分析

在各种因素的影响下，海底管线系统会遭到破坏，导致油气泄漏事故。为此，本章基于第 4 章中通过 FMEA 方法分析得到的关键失效模式等结果，进一步细化失效模式并考虑相关逻辑关系进行定量分析，提出了基于 FDHHFLTS-贝叶斯网络的风险分析方法来确定海底管线系统泄漏的失效概率及关键影响因素。

5.1　海底管线系统失效风险分析方法流程

本章将贝叶斯方法与模糊理论相结合，提出了一种 FDHHFLTS-贝叶斯网络风险分析方法，用于分析海底管线系统泄漏失效概率和影响泄漏失效的主要因素。所提方法的算法流程如图 5-1 所示。

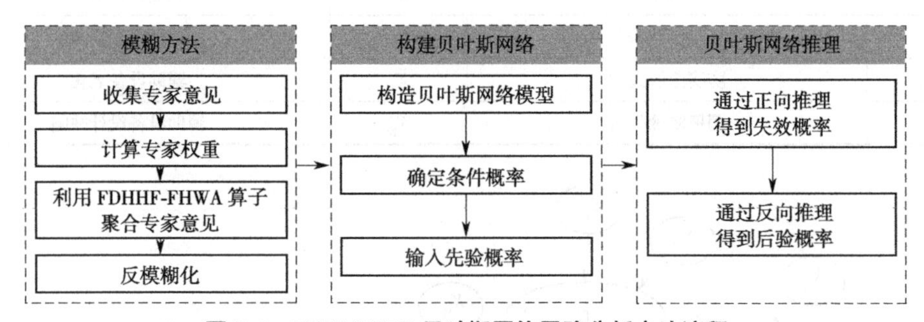

图 5-1　FDHHFLTS-贝叶斯网络风险分析方法流程

5.1.1　贝叶斯网络模型构建

贝叶斯网络是一种基于概率的图形推理方法，它可以描述知识的不确定性和表示因果关系。贝叶斯网络由节点和有向边组成，其中节点表示随机变量，分为父节点和子节点，变量之间的概率依赖关系由有向箭头表示。

通过识别海底管线系统失效的潜在风险因素（表 5-1），建立了如图 5-2 所示的贝叶斯网络模型，共包含 24 个基本事件，顶事件为海底管线系统泄漏失效。

表 5-1 海底管线系统泄漏风险因素

符号	节点事件	符号	节点事件
T	海底管线系统泄漏失效	X_6	坠物撞击
A_1	外部因素	X_7	锚固
A_2	内部因素	X_8	渔具作用
B_1	腐蚀	X_9	人为打孔盗油
B_2	外部负载	X_{10}	海上施工
B_3	出现悬跨	X_{11}	设计埋深不足
B_4	自然灾害	X_{12}	操作埋深不足
B_5	材料缺陷	X_{13}	处理不及时
B_6	焊缝缺陷	X_{14}	强流和强波
B_7	辅助设备故障	X_{15}	海底土易被侵蚀
C_1	内部腐蚀	X_{16}	海底地震
C_2	外部腐蚀	X_{17}	海底运动
C_3	埋深不足	X_{18}	台风
C_4	环境条件恶劣	X_{19}	材料设计缺陷
X_1	未清除腐蚀气体和杂质	X_{20}	材料施工缺陷
X_2	未添加缓蚀剂	X_{21}	焊缝设计缺陷
X_3	未定期清管	X_{22}	焊缝施工缺陷
X_4	防腐涂层失效	X_{23}	辅助设备老化
X_5	阴极防蚀失效	X_{24}	辅助设备设计缺陷

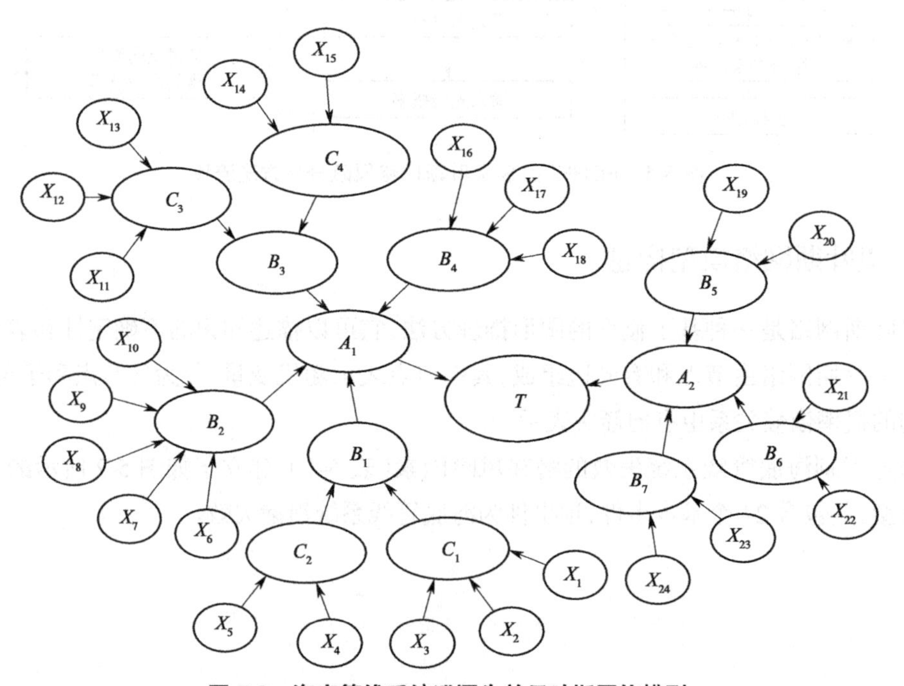

图 5-2 海底管线系统泄漏失效贝叶斯网络模型

5.1.2　模糊方法

5.1.2.1　收集专家意见

令 $S=\{s_{-3}$=none，s_{-2}=very low，s_{-1}=low，s_0=medium，s_1=high，s_2=very high，s_3=dangerous$\}$为第一层次语言术语集，用于描述基本事件的风险等级。S中每个语言术语对应的第二层次语言术语集由每位专家自由选择，用于表示第一层次语言术语的程度。

当第一层次语言术语为 s_{-3}、s_{-2} 和 s_{-1}（对应的风险等级偏低）时，可选择的第二层次语言术语集包括：

O_1={ o_{-3} =total，o_{-2} =pretty，o_{-1} =very，o_0 =normal，o_1 =a few，o_2 =few，o_3 =far from}；

O_2={ o_{-3} =entirely，o_{-2} =very much，o_{-1} =much，o_0 =just right，o_1 =a little，o_2 =only a little，o_3 =far from}；

O_3={ o_0 =normal，o_1 =a few，o_2 =few，o_3 =far from}；

O_4={ o_0 =just right，o_1 =a little，o_2 =only a little，o_3 =far from}；

O_5={ o_0 =simple，o_1 =pretty，o_2 =slightly，o_3 =hardly}；

当第一层次语言术语为 s_0、s_1、s_2 和 s_3（对应的风险等级偏高）时，可选择的第二层次语言术语集包括：

O_6={ o_{-3} =far from，o_{-2} =few，o_{-1} =a few，o_0 =normal，o_1 =very，o_2 =pretty，o_3 =total}；

O_7={ o_{-3} =far from，o_{-2} =only a little，o_{-1} =a little，o_0 =just right，o_1 =much，o_2 =very much，o_3 =entirely}；

O_8={ o_0 =far from，o_1 =few，o_2 =a few，o_3 =normal }；

O_9={ o_0 =far from，o_1 =only a little，o_2 =a little，o_3 =just right }；

O_{10}={ o_0 =hardly，o_1 =slightly，o_2 =pretty，o_3 =simple }；

令 $\Gamma_{\mathrm{H}}^1,\Gamma_{\mathrm{H}}^2,\cdots,\Gamma_{\mathrm{H}}^n$ 为根据每位专家选择的第二层次语言术语集生成的上下文无关文法。然后，每位专家 $E_k(k=1,2,\cdots,m)$ 根据从 Γ_H^i 得到的语言表达式 $L(\Gamma_{\mathrm{H}}^i)$ 来完成对基本事件的评估，并通过第 1.4.4.3 节中定义 9 的内容将每位专家 E_k 对基本事件 X_i 的评价结果表示为一个连续的自由双层次犹豫模糊语义元素 h_i^k。

5.1.2.2　计算专家权重

1. 专家主观权重

采用最好最坏方法（Best-Worst Method，BWM）理论获取专家主观权重，具体步骤如下。

步骤 1：确定最佳专家 w_{B} 和最差专家 w_{W}。

步骤 2：确定最佳-其他（Best-to-Others）向量 $\boldsymbol{BO}$ 和其他 - 最差（Others-to-Worst）向量 $\boldsymbol{OW}$ 为

$$\boldsymbol{BO}=\left(\omega_{\mathrm{B}1},\omega_{\mathrm{B}2},\cdots,\omega_{Bl}\right)^{\mathrm{T}}$$

$$\boldsymbol{OW}=\left(\omega_{1\mathrm{W}},\omega_{2\mathrm{W}},\ldots,\omega_{l\mathrm{W}}\right)^{\mathrm{T}}$$

其中，$\boldsymbol{BO}$ 和 $\boldsymbol{OW}$ 根据调查问卷获取，且两个向量中 $\omega_{\mathrm{B}i}$ 和 $\omega_{i\mathrm{W}}$ 的值为从 1 到 9 的实数。

步骤 3:通过建立线性规划模型确定专家主观权重 $\min \xi^*$ 为

$$\begin{cases} \left| \dfrac{\omega_{\mathrm{B}}^{\mathrm{s}}}{\omega_k^{\mathrm{s}}} - \omega_{\mathrm{B}k} \right| \leqslant \xi^* \\ \left| \dfrac{\omega_{\mathrm{B}}^{\mathrm{s}}}{\omega_{\mathrm{W}}^{\mathrm{s}}} - \omega_{k\mathrm{W}} \right| \leqslant \xi^* \\ \sum\limits_k \omega_k^{\mathrm{s}} = 1 \\ \omega_k^{\mathrm{s}} \geqslant 0 \end{cases} \tag{5-1}$$

其中,ξ^* 为绝对误差,优化目标是使 ξ^* 最小。式(5-1)的解即为专家主观权重向量 $\boldsymbol{\omega}^{\mathrm{s}} = \left(\omega_1^{\mathrm{s}}, \omega_2^{\mathrm{s}}, \cdots, \omega_l^{\mathrm{s}}\right)^{\mathrm{T}}$。

2. 专家客观权重

采用基于顺序诱导变量的关联权重作为专家客观权重,具体步骤如下。

步骤 1:根据第 1.4.4.3 节中的【定义 10】将每位专家的评价 h_i^k 由转换函数 f_F 得到犹豫模糊元素 $F(h_i^k) = (\gamma_1, \gamma_2, \cdots, \gamma_l)$。

步骤 2:计算犹豫模糊元素 $F(h_i^k) = (\gamma_1, \gamma_2, \cdots, \gamma_l)$ 的得分函数 $a(h_i^k)$ 为

$$a(h_i^k) = \sum_{j=1}^{l} \gamma_j / n \tag{5-2}$$

步骤 3:根据得分函数计算顺序诱导变量,对专家评价进行排序。

$$s_i^k = 1 - \frac{\left|a(h_i^k) - \bar{a}\right|}{\max\left\{\max\left\{\left|a(h_i^k) - \bar{a}\right|\right\} + \min\left\{\left|a(h_i^k) - \bar{a}\right|\right\}, \varepsilon\right\}} \tag{5-3}$$

其中,$\bar{a}$ 为评价平均值 $\bar{a} = \sum\limits_{k=1}^{m} \dfrac{1}{m} a(h_i^k)$;$\varepsilon$ 为一个足够小的正数,用于确保 s_i^k 中分数的分母不为零。得到专家评价的排序 $\sigma: \{1,2,\cdots,m\} \to \{1,2,\cdots,m\}$,满足 $s_{\sigma(k)} \geqslant s_{\sigma(k+1)} (k = 1,2,\cdots,m-1)$。

步骤 4:计算关联权重向量,作为专家客观权重。关联权重向量计算为一个非线性问题,其求解过程为

$$\mathrm{Max}(-\sum_{1}^{m} \lambda_k \ln \lambda_k) \tag{5-4}$$

满足 $\dfrac{1}{m-1} \sum\limits_{1}^{m} (m-k) \lambda_k = \beta; \sum\limits_{1}^{m} \lambda_k = 1,\ \lambda_k > 0$。

当 β 属于 (0.5,1) 时,该非线性问题的最优解 $\boldsymbol{\lambda} = (\lambda_1, \lambda_2, \cdots, \lambda_m)^{\mathrm{T}}$ 满足 $\lambda_k \geqslant \lambda_{k+1} (k = 1,2,\cdots,m-1)$。根据排序 σ 按顺序赋予专家 E_k 权重 λ_k。

5.1.2.3 计算模糊失效概率

步骤 1:使用 FDHHFL-FHWA 算子,即式(1-78),结合主观权重向量和关联权重向量可以聚合所有专家对每个基本事件的评价。注意在式(1-70)中,对于离散的 FDHHFLE,需要使用连续性校正因子。

步骤 2:将 FDHHFLE 转化为模糊可能性得分(Fuzzy Possibility Score, FPS)。采用质心法进行反模糊化。

$$\mathrm{FPS}=\frac{\int_{x_{\min}}^{x_{\max}}\mu(x)\cdot x\mathrm{d}x}{\int_{x_{\min}}^{x_{\max}}\mu(x)\mathrm{d}x} \tag{5-5}$$

其中，$\mu(x)$ 为 FDHHFLE 的隶属度函数。

步骤 3：将 FPS 转化为模糊失效概率（Fuzzy Failure Probability，FFP）。

$$\mathrm{FFP}=\begin{cases}\dfrac{1}{10^K} & \mathrm{FPS}\neq 0\\ 0 & \mathrm{FPS}=0\end{cases} \tag{5-6}$$

$$K=-(\mathrm{FPS}\times 10-12)\times 0.5$$

5.1.3　贝叶斯网络推理

在贝叶斯网络推理前，利用 FDHHFL-FHWA 算子对专家意见进行聚合。将每个基本事件的模糊失效概率输入到构建的贝叶斯网络中。考虑变量间的条件依赖性，将变量 $X=\{X_1,X_2,\cdots,X_n\}$ 在贝叶斯网络中的联合概率分布 $P(X)$ 表示为

$$P(X)=\prod_{i=1}^{n}P\left(X_i\mid Pa\left(X_i\right)\right) \tag{5-7}$$

其中，$Pa(X_i)$ 为 $X_i(i=1,2,\cdots,n)$ 的父节点集。则 X_i 的概率计算为

$$P\left(X_i\right)=\sum_{X_j,j\neq i}P(X) \tag{5-8}$$

证据记为 E，即变量在新观测时得到的先验概率，可根据贝叶斯定理使用贝叶斯网络进行更新。更新得到的后验概率结果为

$$P\left(X\mid E\right)=\frac{P\left(X,E\right)}{P\left(E\right)}=\frac{P\left(X,E\right)}{\sum_{X}P\left(X,E\right)} \tag{5-9}$$

5.2　实例分析

以中国渤海西部某海底管线系统为例，进行系统泄漏失效风险分析。

1. 收集专家意见

三位参与评估的专家 $E=\{E_1,E_2,E_3\}$ 的个人信息汇总见表 5-2。每个专家选择的第二层次语言术语集（Second Hierarchy Linguistic Term Set，SHLTS）见表 5-3。

表 5-2　专家信息

专家编号	职称	工龄（年）	学历	年龄（岁）
E_1	高级工程师	29	博士	56
E_2	中级工程师	17	硕士	42
E_3	技术员	8	学士	32

表 5-3　每位专家使用的第二层次语言术语集

第一层次语言术语	E_1	E_2	E_3
s_{-3}	o_3	o_5	o_4
s_{-2}	o_1	o_2	o_2
s_{-1}	o_1	o_2	o_2
s_0	o_6	o_7	o_7
s_1	o_6	o_7	o_7
s_2	o_6	o_7	o_7
s_3	o_8	o_{10}	o_9

专家根据自由双层次犹豫模糊语言术语集（FDHHFLTS）给出的评价结果见表 5-4，表 5-5 为相应的自由双层次犹豫模糊语义元素（FDHHFLE）。

表 5-4　专家根据 FDHHFLTS 给出的评价结果

基本事件	E_1	E_2	E_3
X_1	"between a few high and very high"	"between far from high and only a little high"	"just right medium"
X_2	"between a few medium and normal high"	"between just right medium and much high"	"just right very high"
X_3	"between very low and very medium"	"between only a little low and just right medium"	"between much low and just right medium"
X_4	"between a few low and a few medium"	"between a little medium and a little high"	"just right medium"
X_5	"between pretty low and normal medium"	"between far from low and just right medium"	"between only a little low and a little medium"
X_6	"between normal low and a few medium"	"between just right low and a little high"	"only a little medium"
X_7	"between very low and very medium"	"between only a little low and just right medium"	"between much low and just right medium"
X_8	"between a few medium and normal medium"	"between a little low and a little medium"	"just right medium"
X_9	"between pretty medium and very high"	"between just right medium and much medium"	"between much medium and just right high"
X_{10}	"between total low and normal low"	"between much low and a little low"	"between entirely low and much low"
X_{11}	"between normal medium and very medium"	"between a little low and very much medium"	"between much medium and very much medium"
X_{12}	"between total very low and normal low"	"between entirely low and much low"	"a little low"
X_{13}	"between normal medium and very medium"	"between very much low and just right medium"	"entirely low"

续表

基本事件	E_1	E_2	E_3
X_{14}	“between total low and very low”	“between very much low and much low”	“between entirely low and very much low”
X_{15}	“between pretty high and a few very high”	“between just right high and only a little very high”	“between only a little high and a little very high”
X_{16}	“at most a few very low”	“between simply none and much very low”	“at most just right very low”
X_{17}	“between normal medium and very high”	“between a little medium and much medium”	“between much medium and just right high”
X_{18}	“between very low and normal low”	“between very much low and much low”	“only a little low”
X_{19}	“between normal medium and very medium”	“between just right medium and very much medium”	“between much medium and very much medium”
X_{20}	“between very medium and pretty medium”	“between a little medium and much medium”	“between just right medium and very much medium”
X_{21}	“between few medium and normal medium”	“between only a little low and a little medium”	“very much medium”
X_{22}	“between normal medium and pretty medium”	“between much low and just right medium”	“between just right medium and very much medium”
X_{23}	“between very medium and very high”	“between a little high and just right very high”	“between only a little high and much high”
X_{24}	“between very very low and normal very low”	“at most just right low”	“just right very low”

表 5-5　专家评价结果对应的 FDHHFLE

基本事件	E_1	E_2	E_3
X_1	$\{s_{1<o_{-1}^{1}>}, s_{1<o_{1}^{1}>}\}$	$\{s_{1<o_{-3}^{1}>}, s_{1<o_{-2}^{1}>}\}$	$\{s_{0<o_{0}^{0}>}\}$
X_2	$\{s_{0<o_{-1}^{0}>}, s_{1<o_{0}^{1}>}\}$	$\{s_{0<o_{0}^{0}>}, s_{1<o_{1}^{1}>}\}$	$\{s_{0<o_{2}^{0}>}\}$
X_3	$\{s_{-1<o_{-1}^{-1}>}, s_{0<o_{1}^{0}>}\}$	$\{s_{-1<o_{2}^{-1}>}, s_{0<o_{0}^{0}>}\}$	$\{s_{-1<o_{-1}^{-1}>}, s_{0<o_{0}^{0}>}\}$
X_4	$\{s_{-1<o_{1}^{-1}>}, s_{0<o_{-1}^{0}>}\}$	$\{s_{0<o_{-1}^{0}>}, s_{1<o_{-1}^{1}>}\}$	$\{s_{0<o_{0}^{0}>}\}$
X_5	$\{s_{-1<o_{2}^{-1}>}, s_{0<o_{0}^{0}>}\}$	$\{s_{-1<o_{3}^{-1}>}, s_{0<o_{0}^{0}>}\}$	$\{s_{-1<o_{2}^{-1}>}, s_{0<o_{-1}^{0}>}\}$
X_6	$\{s_{-1<o_{0}^{-1}>}, s_{0<o_{-1}^{0}>}\}$	$\{s_{-1<o_{6}^{-1}>}, s_{0<o_{0}^{0}>}\}$	$\{s_{0<o_{-2}^{0}>}\}$
X_7	$\{s_{-1<o_{-1}^{-1}>}, s_{0<o_{1}^{0}>}\}$	$\{s_{-1<o_{2}^{-1}>}, s_{0<o_{0}^{0}>}\}$	$\{s_{-1<o_{-1}^{-1}>}, s_{0<o_{0}^{0}>}\}$
X_8	$\{s_{0<o_{-1}^{0}>}, s_{0<o_{0}^{0}>}\}$	$\{s_{-1<o_{1}^{-1}>}, s_{0<o_{-1}^{0}>}\}$	$\{s_{0<o_{0}^{0}>}\}$
X_9	$\{s_{0<o_{2}^{0}>}, s_{1<o_{1}^{1}>}\}$	$\{s_{0<o_{0}^{0}>}, s_{0<o_{1}^{0}>}\}$	$\{s_{0<o_{1}^{0}>}, s_{1<o_{0}^{1}>}\}$
X_{10}	$\{s_{-1<o_{-3}^{-1}>}, s_{-1<o_{0}^{-1}>}\}$	$\{s_{-1<o_{-1}^{-1}>}, s_{-1<o_{1}^{-1}>}\}$	$\{s_{-1<o_{-3}^{-1}>}, s_{-1<o_{-1}^{-1}>}\}$

续表

基本事件	E_1	E_2	E_3
X_{11}	$\{s_{0<o_0^0>}, s_{0<o_1^0>}\}$	$\{s_{-1<o_1^{-1}>}, s_{0<o_2^0>}\}$	$\{s_{0<o_1^0>}, s_{0<o_2^0>}\}$
X_{12}	$\{s_{-2<o_3^{-2}>}, s_{-1<o_0^{-1}>}\}$	$\{s_{-1<o_{-3}^{-1}>}, s_{-1<o_{-1}^{-1}>}\}$	$\{s_{-1<o_1^{-1}>}\}$
X_{13}	$\{s_{0<o_0^0>}, s_{0<o_1^0>}\}$	$\{s_{-1<o_{-2}^{-1}>}, s_{0<o_0^0>}\}$	$\{s_{-1<o_{-3}^{-1}>}\}$
X_{14}	$\{s_{-1<o_{-3}^{-1}>}, s_{-1<o_{-1}^{-1}>}\}$	$\{s_{-1<o_{-2}^{-1}>}, s_{-1<o_{-1}^{-1}>}\}$	$\{s_{-1<o_{-3}^{-1}>}, s_{-1<o_{-2}^{-1}>}\}$
X_{15}	$\{s_{1<o_2^1>}, s_{2<o_{-1}^2>}\}$	$\{s_{1<o_0^1>}, s_{2<o_{-2}^2>}\}$	$\{s_{1<o_{-2}^1>}, s_{2<o_{-1}^2>}\}$
X_{16}	$\{s_{-3<o_0^{-3}>}, s_{-2<o_1^{-2}>}\}$	$\{s_{-3<o_0^{-3}>}, s_{-2<o_{-1}^{-2}>}\}$	$\{s_{-3<o_0^{-3}>}, s_{-2<o_0^{-2}>}\}$
X_{17}	$\{s_{0<o_0^0>}, s_{1<o_1^1>}\}$	$\{s_{0<o_{-1}^0>}, s_{0<o_1^0>}\}$	$\{s_{0<o_1^0>}, s_{1<o_0^1>}\}$
X_{18}	$\{s_{-1<o_{-1}^{-1}>}, s_{-1<o_0^{-1}>}\}$	$\{s_{-1<o_{-2}^{-1}>}, s_{-1<o_{-1}^{-1}>}\}$	$\{s_{-1<o_2^{-1}>}\}$
X_{19}	$\{s_{0<o_0^0>}, s_{0<o_1^0>}\}$	$\{s_{0<o_0^0>}, s_{0<o_2^0>}\}$	$\{s_{0<o_1^0>}, s_{0<o_2^0>}\}$
X_{20}	$\{s_{0<o_1^0>}, s_{0<o_2^0>}\}$	$\{s_{0<o_{-1}^0>}, s_{0<o_1^0>}\}$	$\{s_{0<o_0^0>}, s_{0<o_2^0>}\}$
X_{21}	$\{s_{0<o_{-2}^0>}, s_{0<o_0^0>}\}$	$\{s_{-1<o_2^{-1}>}, s_{0<o_{-1}^0>}\}$	$\{s_{0<o_2^0>}\}$
X_{22}	$\{s_{0<o_0^0>}, s_{0<o_2^0>}\}$	$\{s_{-1<o_{-1}^{-1}>}, s_{0<o_0^0>}\}$	$\{s_{0<o_1^0>}, s_{0<o_2^0>}\}$
X_{23}	$\{s_{0<o_1^0>}, s_{1<o_1^1>}\}$	$\{s_{1<o_{-1}^1>}, s_{2<o_0^2>}\}$	$\{s_{1<o_{-2}^1>}, s_{1<o_1^1>}\}$
X_{24}	$\{s_{-2<o_{-1}^{-2}>}, s_{-2<o_0^{-2}>}\}$	$\{s_{-3<o_0^{-3}>}, s_{-2}, s_{-1<o_0^{-1}>}\}$	$\{s_{-2<o_0^{-2}>}\}$

以基本事件 X_1 为例进行说明，专家 E_1 对其评价的第一层次语言术语为 s_1 “high”，选择的第二层次语言术语集为 O_6。因此专家 E_1 对 X_1 的评价语言 “between a few high and very high”对应的第二层次语言术语分别为 o_{-1} 和 o_1，转化成 FDHHFLE 为 $\{s_{1<o_{-1}^1>}, s_{1<o_1^1>}\}$。

2. 计算专家权重

采用 BWM 方法计算专家主观权重。资深专家认为 E_1 为最好专家，E_3 为最差专家。并且，根据对资深专家进行问卷调查，可以确定 $BO=(1,2,3)$，$OW=(3,2,1)$。通过求解式（5-1），可以确定专家主观权重 $\boldsymbol{\omega}=(0.53,0.30,0.17)$。

（1）计算专家客观权重。首先将专家评价转换为犹豫模糊元素 $F(h_i^k)$，然后根据式（5-2）至式（5-4）计算关联权重向量。其中，取 $\beta=0.7$ 来求解非线性问题。

（2）利用 FDHHFL-FHWA 算子对专家意见进行聚合。表 5-6 以节点 X_1 为例，给出了节点 X_1 的聚合和获得先验概率的详细计算过程。其中，由式（5-3）计算顺序诱导变量，得到专家评价的排序为 $\sigma(2) > \sigma(3) > \sigma(1)$，因此权重向量为（0.16，0.55，0.29）。

表 5-6 节点 X_1 的聚合和获得先验概率的详细过程

h_1^1	$\{s_{1<o_{-1}^1>}, s_{1<o_1^1>}\}$	$F(h_1^1)$	$(\gamma_1=0.611\,1, \gamma_2=0.722\,2)$
h_1^2	$\{s_{1<o_{-3}^1>}, s_{1<o_{-2}^1>}\}$	$F(h_1^2)$	$(\gamma_1=0.5, \gamma_2=0.555\,6)$
h_1^3	$\{s_{0<o_0^0>}\}$	$F(h_1^2)$	$(\gamma_1=0.5)$

续表

$a(h_1^1)$	0.666 7	s_1^1	0.266 4
$a(h_1^2)$	0.527 8	s_1^2	0.733 6
$a(h_1^3)$	0.500 0	s_1^3	0.533 4
$\bar{a}$	0.564 8	—	—
$\sigma(1)$	3	λ_1	0.16
$\sigma(2)$	1	λ_2	0.55
$\sigma(3)$	2	λ_3	0.29
FDHHFL-FHWA (h_1^1,h_1^2,h_1^3)		$\{s_{1<o_{-2.39}^1,o_{-1.86}^1,o_{-1.65}^1,o_{-1.16}^1>}\}$	
FPS	0.600 9	—	—
K	2.995 5	—	—
FFP	1.01E-03	—	—

所有基本事件的聚合结果和先验概率见表 5-7。

表 5-7　基本事件的聚合和先验概率结果

基本事件	聚合结果	FPS	FFP
X_1	$\{s_{1<o_{-2.39}^1,o_{-1.86}^1,o_{-1.65}^1,o_{-1.16}^1>}\}$	0.600 9	1.01×10^{-3}
X_2	$\{s_{1<o_{-2.80}^1,o_{-2.02}^1,o_{-0.74}^1,o_{-0.12}^1>}\}$	0.612 6	1.16×10^{-3}
X_3	$\{s_{-1<o_{-0.60}^{-1},o_{-0.44}^{-1},o_{-0.04}^{-1}>},s_{0<o_{-2.89}^0>},s_{1<o_{-2.77}^1,o_{-2.65}^1,o_{-2.35}^1,o_{-2.24}^1>}\}$	0.462 7	2.06×10^{-4}
X_4	$\{s_{0<o_{-0.94}^0,o_{-0.64}^0>},s_{1<o_{-2.86}^1,o_{-2.59}^1>}\}$	0.540 5	5.04×10^{-4}
X_5	$\{s_{0<o_{-0.78}^0,o_{-0.06}^0>}\}$	0.484 4	2.64×10^{-4}
X_6	$\{s_{0<o_{-2.68}^0,o_{-2.15}^0,o_{-1.73}^0,o_{-1.62}^0,o_{-1.14}^0,o_{-0.74}^0>}\}$	0.436 7	1.53×10^{-4}
X_7	$\{s_{-1<o_{-0.60}^{-1},o_{-0.44}^{-1},o_{-0.04}^{-1}>},s_{0<o_{-2.89}^0>},s_{1<o_{-2.77}^1,o_{-2.65}^1,o_{-2.35}^1,o_{-2.24}^1>}\}$	0.462 7	2.06×10^{-4}
X_8	$\{s_{0<o_{-0.99}^0,o_{-0.87}^0,o_{-0.23}^0,o_{-0.12}^0>}\}$	0.479 5	2.50×10^{-4}
X_9	$\{s_{1<o_{-1.61}^1,o_{-1.47}^1,o_{-0.95}^1,o_{-0.82}^1,o_{-0.41}^1,o_{-0.28}^1>},s_{2<o_{-2.84}^2,o_{-2.73}^2>}\}$	0.694 3	2.96×10^{-3}
X_{10}	$\{s_{-1<o_{-2.74}^{-1},o_{-0.48}^{-1},o_{-2.45}^{-1},o_{-2.20}^{-1},o_{-0.48}^{-1},o_{-0.24}^{-1},o_{-0.22}^{-1}>},s_{0<o_{-2.995}^0>}\}$	0.338 2	4.91×10^{-5}
X_{11}	$\{s_{0<o_{-0.09}^0>},s_{1<o_{-2.95}^1,o_{-2.60}^1,o_{-2.46}^1,o_{-2.33}^1,o_{-2.19}^1,o_{-1.87}^1,o_{-1.74}^1>}\}$	0.561 1	6.39×10^{-4}
X_{12}	$\{s_{-1<o_{-0.53}^{-1},o_{-0.14}^{-1}>}\}$	0.321 0	4.03×10^{-5}
X_{13}	$\{s_{0<o_{-2.63}^0,o_{-2.06}^0,o_{-0.39}^0>},s_{1<o_{-2.91}^1>}\}$	0.507 7	3.45×10^{-4}
X_{14}	$\{s_{-1<o_{-2.87}^{-1},o_{-2.745}^{-1},o_{-2.741}^{-1},o_{-2.61}^{-1},o_{-1.36}^{-1},o_{-1.25}^{-1},o_{-1.24}^{-1},o_{-1.12}^{-1}>}\}$	0.259 3	1.98×10^{-5}
X_{15}	$\{s_{2<o_{-2.62}^2,o_{-2.01}^2,o_{-2.08}^2,o_{-1.53}^2>}\}$	0.756 5	6.06×10^{-3}
X_{16}	$\{s_{-2<o_{-3}^{-2},o_{-2.33}^{-2},o_{-1.90}^{-2},o_{-1.64}^{-2},o_{-1.25}^{-2},o_{-1.00}^{-2},o_{-0.60}^{-2}>},s_{-1<o_{-2.99}^{-1}>}\}$	0.166 7	6.82×10^{-6}

续表

基本事件	聚合结果	FPS	FFP
X_{17}	$\{s_{1<o^{1}_{-2.82},o^{1}_{-2.51},o^{1}_{-2.08},o^{1}_{-1.78},o^{1}_{-0.53},o^{1}_{-0.28}>},s_{2<o^{2}_{-2.95},o^{2}_{-2.73}>}\}$	0.672 5	2.30×10^{-3}
X_{18}	$\{s_{-1<o^{-1}_{-0.99},o^{-1}_{-0.78},o^{-1}_{-0.26},o^{-1}_{-0.06}>}\}$	0.313 9	3.71×10^{-5}
X_{19}	$\{s_{1<o^{1}_{-2.92},o^{1}_{-2.83},o^{1}_{-2.46},o^{1}_{-2.38},o^{1}_{-1.92},o^{1}_{-1.84},o^{1}_{-1.51},o^{1}_{-1.43}>}\}$	0.586 2	8.53×10^{-4}
X_{20}	$\{s_{1<o^{1}_{-2.62},o^{1}_{-2.31},o^{1}_{-2.05},o^{1}_{-1.96},o^{1}_{-1.75},o^{1}_{-1.67},o^{1}_{-1.43},o^{1}_{-1.15}>}\}$	0.596 8	9.64×10^{-4}
X_{21}	$\{s_{0<o^{0}_{-1.47},o^{0}_{-0.06}>}\}$	0.471 8	2.29×10^{-4}
X_{22}	$\{s_{-1<o^{-1}_{-0.29},o^{-1}_{-0.14}>},s_{0<o^{0}_{-2.87},o^{0}_{-2.72},o^{0}_{-1.71},o^{0}_{-1.58},o^{0}_{-1.35},o^{0}_{-1.22}>}\}$	0.563 5	6.57×10^{-4}
X_{23}	$\{s_{1<o^{1}_{-1.83},o^{1}_{-0.87},o^{1}_{-0.76},o^{1}_{-0.15}>},s_{2<o^{2}_{-2.92},o^{2}_{-2.37},o^{2}_{-2.29},o^{2}_{-1.61}>}\}$	0.701 7	3.22×10^{-3}
X_{24}	$\{s_{-2<o^{-2}_{1.76},o^{-2}_{1.63},o^{-2}_{0.12}>},s_{-1<o^{-1}_{3},o^{-1}_{1.38},o^{-1}_{1.26}>}\}$	0.207 0	1.08×10^{-5}

3. 贝叶斯网络推理

将得到的基本事件 X_1~X_{24} 的失效概率输入到海底管线系统泄漏失效贝叶斯网络模型中,通过正向推理可以得到海底管线系统泄漏失效的概率 $P=1.49\times10^{-2}$。

通过式(5-9)进行反向推理计算基本事件 X_1~X_{24} 的后验概率,如图 5-3 所示。通过式(1-15)进行敏感性分析,敏感性排序结果见表 5-8。由图 5-3 及表 5-8 可知,辅助设备老化(X_{23})、人为打孔盗油(X_9)和海底运动(X_{17})具有较高的后验概率,是海底管线系统泄漏失效最可能的原因,而海底地震(X_{16})、台风(X_{18})和海上施工(X_{10})是海底管线系统泄漏失效的主要影响因素,这三个基本事件的敏感性最高,对系统的影响最为显著。

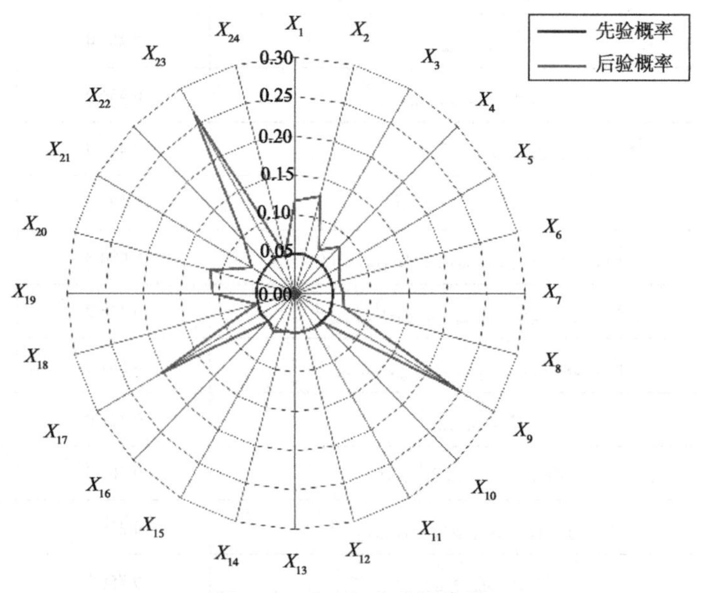

图 5-3 后验概率分析结果

表 5-8 敏感性排序结果

基本事件	敏感性排序	基本事件	敏感性排序
X_1	11	X_{13}	22
X_2	4	X_{14}	24
X_3	6	X_{15}	23
X_4	17	X_{16}	1
X_5	7	X_{17}	14
X_6	13	X_{18}	2
X_7	5	X_{19}	8
X_8	16	X_{20}	12
X_9	15	X_{21}	9
X_{10}	3	X_{22}	10
X_{11}	21	X_{23}	18
X_{12}	20	X_{24}	19

5.3 结论

本章提出了一种基于 FDHHFLTS 和贝叶斯网络的海底管线系统泄漏失效风险分析方法,得到的主要结论如下。

(1)本章以海底管线系统泄漏失效为顶事件,同时考虑内部因素和外部因素,建立了包含 24 个基本事件的海底管线系统泄漏失效的贝叶斯网络模型,为后续的风险分析提供依据。

(2)采用 BWM 理论和基于顺序诱导变量的权重确定方法计算专家主客观权重,并通过 FDHHFL-FHWA 算子聚合专家意见,能够更全面客观地反映专家意见,提高结果的科学性。

(3)通过实例分析,得到海底管线系统泄漏失效概率 $P=1.49\times10^{-2}$,并根据基本事件的后验概率和敏感性分析结果,确定了系统泄漏失效的关键因素,为风险分析和安全决策提供参考。

本章部分图例

说明:为了方便读者直观地查看彩色图例,此处节选了书中的部分内容进行展示。页面左侧的页码,为您标注了对应内容在书中出现的位置。

参 考 文 献

[1] WILLIAMS C A, HEINE R M. Risk Management and Insurance[M]. New York: McGraw-Hill, 1999.
[2] 余建星. 工程风险评估与控制 [M]. 北京:中国建筑工业出版社, 2009.
[3] 邱苑华. 现代项目风险管理方法 [M]. 北京:科学出版社, 2003.
[4] ZADEH L A. Fuzzy sets[J]. Information & control, 1965, 8(3):338-353.
[5] LI D Y, LIU C Y, GAN W Y. A new cognitive model: cloud model[J]. International journal of intelligent systems, 2009, 24(3):357-375.
[6] PENG H G, ZHANG H Y, WANG J Q. Cloud decision support model for selecting hotels on TripAdvisor.com with probabilistic linguistic information[J]. International journal of hospitality management, 2018, 68(1): 124-138.
[7] LI C B, QI Z Q, FENG X. A multi-risks group evaluation method for the informatization project under linguistic environment[J]. Journal of intelligent & fuzzy systems, 2014, 26(3): 1581-1592.
[8] PAWLAK Z. Rough sets[J]. International journal of computing and information sciences, 1982, 11(5): 341-356.
[9] KRISHNAN A, KASIM M, HAMID R, et al. A modified CRITIC method to estimate the objective weights of decision criteria[J]. Symmetry, 2021, 13(6):16-21.
[10] YAZDI M. Improving failure mode and effect analysis (FMEA) with consideration of uncertainty handling as an interactive approach[J]. International journal on interactive design and manufacturing (IJIDeM), 2019, 13(2): 441-458.
[11] LIU H C, WANG L E, LI Z W, et al. Improving risk evaluation in FMEA with cloud model and hierarchical TOPSIS method[J]. IEEE transactions on fuzzy systems, 2019, 27(1): 84-95.
[12] LIU H C, FAN X, LI P, et al. Evaluating the risk of failure modes with extended MULTIMOORA method under fuzzy environment[J].Engineering applications of artificial intelligence, 2014, 34: 168-177.
[13] 吴鹏,夏海波,吴建军,等. 基于模糊 Petri 网的易流态化货物海上运输风险评估 [J]. 上海海事大学学报, 2019, 40(3): 63-68.
[14] LI W J, HE M, SUN Y B, et al. A novel layered fuzzy Petri nets modelling and reasoning method for process equipment failure risk assessment[J]. Journal of loss prevention in the process industries, 2019, 62: 103953.

[15] 雷云,余建星,吴朝晖,等. 基于模糊 ANP 的海底管道失效风险综合评价 [J]. 中国安全科学学报, 2019, 29(5): 178-184.

[16] 刘刚,张永辉. 浮式平台井口区跨接管缆干涉分析技术研究 [J]. 石油和化工设备, 2019, 22(5):13-18,22.

[17] 贺辙,孙丽萍,康济川,等.FPSO 单点系泊系统失效数据库的设计与实现 [J]. 船海工程, 2015, 44(6): 129-133.

[18] GUO Y, MENG X, WANG D, et al. Comprehensive risk evaluation of long-distance oil and gas transportation pipelines using a fuzzy Petri net model[J]. Journal of natural gas science and engineering, 2016, 33: 18-29.

[19] 余建星,曾庆泽,余杨,等. 基于模糊 Petri 网络的 FPSO 单点多管缆干涉风险评估 [J]. 海洋工程, 2022, 40(1): 10-20.

[20] 余建星,范海昭,余杨,等. FPSO 系统火灾风险因素综合评价方法及应用 [J]. 安全与环境学报, 2022, 22(4): 1709-1714.

[21] SHAKEEL M, ABDULLAH S, SHAHZADET M, et al. Geometric aggregation operators with interval-valued Pythagorean trapezoidal fuzzy numbers based on Einstein operations and their application in group decision making[J]. International journal of machine learning and cybernetics, 2019, 10(10): 2867-2886.

[22] LUO C, JU Y B, DONG P W, et al. Risk assessment for PPP waste-to-energy incineration plant projects in China based on hybrid weight methods and weighted multigranulation fuzzy rough sets[J]. Sustainable cities and society, 2021, 74: 103120.

[23] XIE X L, XIONG Y M, XIE W K, et al. Quantitative risk analysis of oil and gas fires and explosions for FPSO systems in China[J]. Processes, 2022, 10(5): 902.

[24] 余杨,高涵韬,徐立新,等. 基于毕达哥拉斯模糊贝叶斯网络的海底管道泄漏风险分析 [J]. 中国安全生产科学技术, 2022, 18(11): 19-25.

[25] BHARDWAJ U, TEIXEIRA A P, SOARESET C G, et al. Evidence based risk analysis of fire and explosion accident scenarios in FPSOs[J]. Reliability engineering & system safety, 2021, 215: 107904.

[26] YU J X, DING H Y, YU Y, et al. A novel risk analysis approach for FPSO single point mooring system using Bayesian network and interval type-2 fuzzy sets[J]. Ocean engineering, 2022, 266: 113144.

[27] YU J X, WU S B, CHEN H C, et al. Risk assessment of submarine pipelines using modified FMEA approach based on cloud model and extended VIKOR method[J]. Process safety and environmental protection, 2021, 155:555-574.

[28] ATANASSOV K T. Intuitionistic fuzzy sets[J]. Fuzzy sets and systems, 1986, 20: 87-96.

[29] DET NORSKE VERITAS. Risk Assessment of Pipeline Protection: DNV-RP-F107[S]. Oslo: Det Norske Veritas, 2010.

[30] KUMAR M，YADAV S P. The weakest t-norm based intuitionistic fuzzy fault-tree analysis to evaluate system reliability[J]. ISA transactions，2012，51(4)：531-538.

[31] LI X H，CHEN G M，KHAN F，et al. Dynamic risk assessment of subsea pipelines leak using precursor data[J]. Ocean engineering，2019，178：156-169.

[32] LIU H C，LIU L，LIN Q L，et al. Knowledge acquisition and representation using fuzzy evidential reasoning and dynamic adaptive fuzzy Petri nets[J]. IEEE transactions on cybernetics，2013，43(3)：1059-1072.

[33] PETRI C A. Communication with Automata[R]. Technical Report RADC-TR-65-377, Rome Air New York，NY，1966.

[34] ZHOU J F，RENIERS G. Probabilistic Petri-net addition enabling decision making depending on situational change：the case of emergency response to fuel tank farm fire[J]. Reliability engineering & system safety，2020，200：106880.

[35] ZHOU J F，RENIERS G. Petri-net based cascading effect analysis of vapor cloud explosions[J]. Journal of loss prevention in the process industries，2017，48：118-125.

[36] WU Y，CHEN K，ZENG B，et al. Cloud-based decision framework for waste-to-energy plant site selection - a case study from China[J]. Waste management，2015，48：593-603.

[37] YU J X，CHEN H C，YU Y，et al. A weakest t-norm based fuzzy fault tree approach for leakage risk assessment of submarine pipeline[J]. Journal of loss prevention in the process industries，2019：103968.

[38] YU J X，ZENG Q Z，YU Y，et al. Failure mode and effects analysis based on rough cloud model and MULTIMOORA method：application to single-point mooring system[J]. Applied soft computing，2023，132：109841.

[39] YU Y，YANG J，WU S B. A novel FMEA approach for submarine pipeline risk analysis based on IVIFRN and ExpTODIM-PROMETHEE-II[J]. Applied soft computing，2023，136：110065.